Zellbiologie und Stoffwechsel
Neurobiologie · Ökologie

Biologie-KOMPAKT 1

STARK

Umschlagbild: adventtr/iStockphoto

www.stark-verlag.de
1. Auflage 2019

Inhalt

Autor: Hans-Dieter Triebel

Hinweise:

- Die entsprechend gekennzeichneten Kapitel enthalten ein **Lernvideo**. An den jeweiligen Stellen im Buch befindet sich ein QR-Code, den Sie mithilfe Ihres Smartphones oder Tablets scannen können.
  Im Hinblick auf eine eventuelle Begrenzung des Datenvolumens wird empfohlen, dass Sie sich beim Ansehen der Videos im WLAN befinden. Haben Sie keine Möglichkeit, den QR-Code zu scannen, finden Sie die Lernvideos auch unter:
  http://qrcode.stark-verlag.de/94718V
- Die mit **(2)** gekennzeichneten Verweise auf weitere relevante Textstellen beziehen sich auf den Band **Biologie-KOMPAKT 2** (Genetik und Entwicklung, Immunbiologie, Evolution, Verhalten; Verlags-Nr. 94719V).

Vorwort

Liebe Schülerinnen und Schüler,

die Bände Biologie-KOMPAKT 1 und 2 (Verlags-Nr. 94719V) bieten Ihnen eine kompakte, aber gleichzeitig präzise und umfassende Darstellung des Unterrichtsstoffs der Biologie. Die Bücher eignen sich daher sowohl ausgezeichnet für den Schulalltag, parallel zu Ihren persönlichen Aufzeichnungen, als auch zur effektiven Vorbereitung auf Klausuren und das Abitur.

- Alle relevanten Fakten und Zusammenhänge stehen Ihnen damit **schnell und übersichtlich** zur Verfügung.
- Wichtige **Fachbegriffe** sind **farbig** hervorgehoben.
- Die Inhalte werden durch zahlreiche verständliche und schnell erfassbare **Grafiken**, **Diagramme und Schemata** veranschaulicht.
- Das **umfangreiche Stichwortverzeichnis** ermöglicht Ihnen die gezielte Suche nach bestimmten Begriffen und Inhalten.
- **Querverweise** erleichtern das Auffinden von themenübergreifenden und vertiefenden Darstellungen.

Zu ausgewählten Themen gibt es **Lernvideos**, in denen wichtige biologische Zusammenhänge dargestellt werden. An den entsprechenden Stellen im Buch befindet sich ein QR-Code, den Sie mithilfe Ihres Smartphones oder Tablets scannen können.

Ich wünsche Ihnen Freude an der Biologie und diesem Band und vor allem viel Erfolg auf dem Weg zum Abitur!

Hans-Dieter Triebel

Zellen und Stoffwechsel

1 Zellen: Struktur- und Funktionseinheiten aller Organismen

Erst 1839 wurde von SCHWANN und SCHLEIDEN eine einheitliche **Zelltheorie** entwickelt und die Zelle als Grundeinheit aller Lebewesen erkannt. Man kann vielzellige Organismen wie rechts dargestellt strukturieren.

	z. B.:
Organismus	Mensch
↓	↓
Organsystem	Verdauungssystem
↓	↓
Organ	Magen
↓	↓
Gewebe	Muskelgewebe
↓	↓
Zelle	Muskelzelle

Im einfachsten Fall besteht ein Lebewesen aus nur einer Zelle. Auch solche Organismen zeigen alle **Kennzeichen des Lebendigen:** Stoffwechsel, Bewegung, Reizbarkeit, Wachstum und Vermehrung/Fortpflanzung.

1.1 Struktureinheit „Zelle“

Der Begriff **„Zelle“** stammt von Robert HOOKE, der um 1665 pflanzliches Gewebe unter dem Mikroskop untersuchte und die erkennbaren kleinen Hohlräume *cells* (von lat. *cellula* = kleiner Raum) nannte.

pflanzliche Zelle	ca. 0,01 mm (10 µm)	
tierische Zelle, Hefezelle	ca. 0,01 mm (10 µm)	
Bakterienzelle	ca. 0,001 mm (1 µm)	

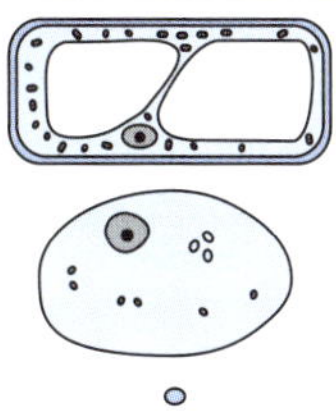

Verschiedene Zellen im lichtmikroskopischen Bild

Licht- und Elektronenmikroskop

Die Entdeckung von subzellulären Strukturen war an die Entwicklung leistungsfähiger Licht- und Elektronenmikroskope gebunden.

Die **Auflösung**, d. h. der geringste Abstand zweier unterscheidbarer Punkte, eines **Lichtmikroskops** ist von der Qualität der optischen Gläser und vor allem von der Wellenlänge des zur Betrachtung des Präparats eingesetzten Lichts abhängig. Allgemein gilt: Je kleiner die Wellenlänge, desto besser ist die Auflösung. Für die Praxis bedeutet dies, dass das Lichtmikroskop selbst in Bereichen geringer Wellenlängen (blaues Licht) an die Grenze von 250 nm Auflösung gerät. Zwei Objektpunkte kann man deshalb auch mit einem sehr guten Lichtmikroskop nur dann unterscheiden, wenn sie mindestens einen Abstand von 0,00025 mm aufweisen. Mit dieser geringen Auflösung lassen sich z. B. in einem Mitochondrienquerschnitt aber lediglich vier Bildpunkte unterscheiden.

Elektronenmikroskope, wie z. B. das Transmissions-Elektronenmikroskop (TEM), arbeiten dagegen mit einem Strahl beschleunigter Elektronen. Anstelle von Linsen dienen Magnetspulen zur Bündelung der Strahlen. Die Auflösung ist hier besonders von der Geschwindigkeit der Elektronen abhängig und etwa 2000-mal höher als im Lichtmikroskop.

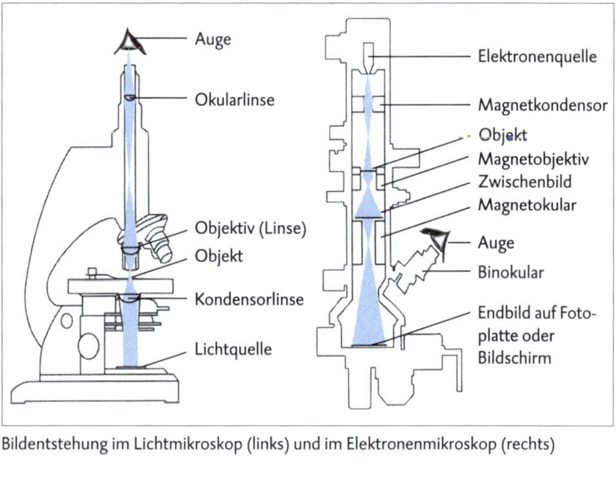

Bildentstehung im Lichtmikroskop (links) und im Elektronenmikroskop (rechts)

Grundstrukturen von Zellen

Die Gestalt der Zellen ist sehr vielfältig, folgt aber einigen Grundsätzen: Die Einheit von Bau und Funktion ist das übergeordnete Prinzip, sie prägt die Gestalt aller biologischen Einheiten. **Biomembranen** (siehe S. 11 f.) zeigen bei allen Zelltypen und Zellorganellen (siehe S. 12 ff.) eine gemeinsame Grundstruktur. Die **Transportsysteme** (siehe S. 21 f.) aller Zellen bestehen aus Eiweißmolekülen des Plasmas oder der Membranen. Durch **Oberflächenvergrößerung** (z. B. Ausstülpungen und Faltungen) können Zellen eine größere Anzahl von Enzymen an ihrer Oberfläche binden und dadurch die Stoffwechselrate und die Transportgeschwindigkeit erhöhen.

1.2 Zelltypen

Nach ihrer Organisationsform lassen sich zwei grundsätzliche Zelltypen (Formen) unterscheiden: **Prozyte** und **Euzyte**.

Prozyte

Die Prozyte (auch: Protozyte) ist eine wenig strukturierte Zelle ohne Kompartimentierung. Sie ist typisch für Bakterien, Archaebakterien und Cyanobakterien, die als **Prokaryoten** zusammengefasst werden (griech. *pro* = vor; *karyon* = Kern). Der Name deutet schon auf das Hauptmerkmal der Prozyte, den fehlenden Zellkern, hin. Die Erbsubstanz liegt frei im Plasma bzw. verbunden mit der Zellmembran in Form eines größeren ringförmigen DNA-Moleküls vor, welches auch als **Kernäquivalent** bezeichnet wird. Dazu kommen kleinere ringförmige DNA-Moleküle, die **Plasmide** (siehe (2) S. 44). Die Strukturierung der Prozyte beschränkt sich auf Membraneinstülpungen und Lamellen. Die Proteinbiosynthese erfolgt frei im Plasma an sogenannten **70 S-Ribosomen**. Viele Prokaryoten können sich durch rotierende Flagellen (Bakteriengeißeln) aktiv fortbewegen.

Die **Fortpflanzung** der einzelligen Organismen erfolgt **ungeschlechtlich** durch Teilung (siehe S. 17 f.) der Zellen nach vorheriger Replikation der Erbsubstanz (siehe (2) S. 20 ff.). Der Stoffwechsel der meisten Prokaryoten ist sehr vielseitig und ermöglicht ihnen sogar die Besiedlung von Extremstandorten (z. B. heiße Quellen).

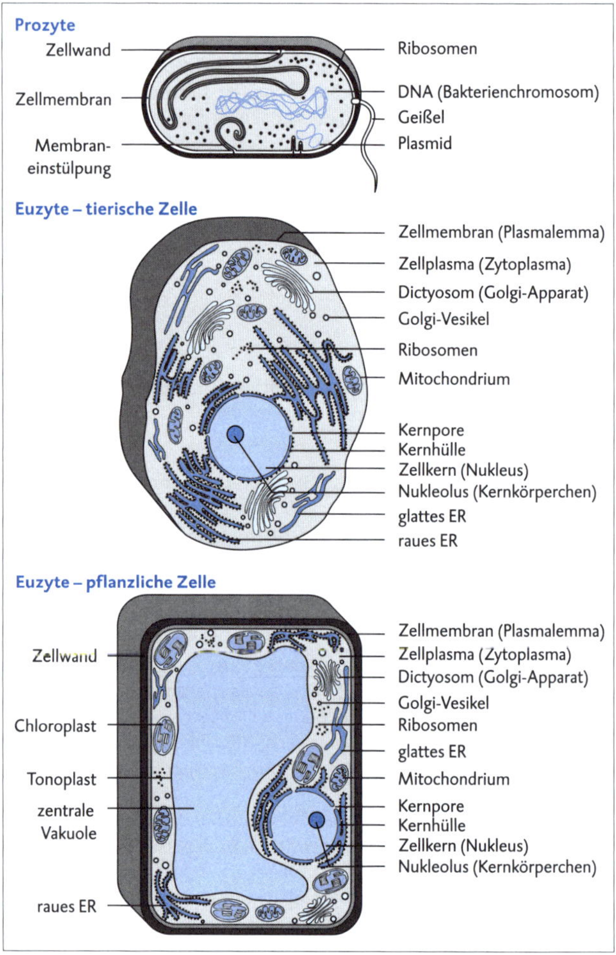
Prozyte
Zellwand
Zellmembran
Membran-
einstülpung
Ribosomen
DNA (Bakterienchromosom)
Geißel
Plasmid
Euzyte – tierische Zelle
Zellmembran (Plasmalemma)
Zellplasma (Zytoplasma)
Dictyosom (Golgi-Apparat)
Golgi-Vesikel
Ribosomen
Mitochondrium
Kernpore
Kernhülle
Zellkern (Nukleus)
Nukleolus (Kernkörperchen)
glattes ER
raues ER
Euzyte – pflanzliche Zelle
Zellwand
Chloroplast
Tonoplast
zentrale
Vakuole
raues ER
Zellmembran (Plasmalemma)
Zellplasma (Zytoplasma)
Dictyosom (Golgi-Apparat)
Golgi-Vesikel
Ribosomen
glattes ER
Mitochondrium
Kernpore
Kernhülle
Zellkern (Nukleus)
Nukleolus (Kernkörperchen)

Zelltypen

Euzyte

Die Euzyte ist in **Kompartimente** (membranumschlossene Reaktionsräume, **Zellorganellen**) mit unterschiedlicher Funktion aufgeteilt (siehe S. 12 ff.). Das Erbmaterial liegt im **Zellkern** in den linearen DNA-Molekülen der **Chromosomen** (siehe (2) S. 8 ff.) konzentriert vor. Die Proteinbiosynthese erfolgt in räumlicher Trennung von der Transkription (siehe (2) S. 22 ff.) und ist an **80 S-Ribosomen** gebunden. Dieser Zellaufbau ist typisch für alle Tiere, Pflanzen, Pilze und Protozoen. Sie werden daher als **Eukaryoten** zusammengefasst.

Es gibt eine Vielzahl verschieden differenzierter Zellen, die arbeitsteilig am Aufbau mehrzelliger Organismen beteiligt sein können. Einfache einzellige Eukaryoten pflanzen sich durch mitotische Teilungen (Mitose) fort (siehe S. 17 f.). Mehrzellige Organismen produzieren Fortpflanzungszellen (Gameten) und durchlaufen ein Embryonalstadium.

Endosymbiontentheorie

Die **Endosymbiontentheorie** (auch: **Endosymbiontenhypothese**) besagt, dass die eukaryotischen Zellen aus unspezifischen „Urkaryoten" hervorgegangen sind, die durch **Endozytose** (siehe S. 22) andere frei lebende Protozyten aufgenommen haben, die sich dann in ihrem Inneren nach und nach zu Plastiden (z. B. Chloroplasten) bzw. Mitochondrien entwickelt haben.

So kommen als Vorläufer der **Chloroplasten** der pflanzlichen Zellen ursprüngliche **Cyanobakterien** infrage. Ihr autotropher Stoffwechsel (siehe S. 29 f.) erwies sich für die ursprünglich heterotroph lebende Wirtszelle als evolutionsbiologischer Vorteil für Energiegewinnung und Wachstum.

Der zu dieser Zeit (vor ca. 2–3 Milliarden Jahren) durch die Fotosynthese in zunehmendem Maße produzierte Sauerstoff stellte ein Problem für die bisher anaerob (ohne Luftsauerstoff zu nutzen) existierenden heterotrophen Organismen dar. Einige dieser Protozyten erlangten die notwendige Enzymausstattung, um Sauerstoff für Dissimilationsprozesse (siehe S. 29 f.) verwenden zu können und damit in einer giftigen, aggressiven Atmosphäre mit einer neuen Stoffwechselform, der Atmung, zu überleben. Diese **aeroben Protozyten** könnten in das Plasma der Urkaryoten aufgenommen worden sein und sich dort zu den heutigen **Mitochondrien** entwickelt haben.

Es gibt zahlreiche **Belege** für diese Endosymbiontentheorie:

- Auch heute lebende Organismen können andere Zellen relativ leicht durch Endozytose aufnehmen.
- Die Zusammensetzung der inneren Membran von Chloroplasten und Mitochondrien stimmt mit der von Protozyten überein, während die äußere Membran der der Euzyten entspricht.
- Beide Zellorganellen besitzen ein eigenes Genom. Da große Teile des für ihre Funktion benötigten genetischen Materials nicht im Zellkern enthalten sind, können sie immer nur aus sich selbst heraus reproduziert werden (die Chloroplasten und Mitochondrien wären allerdings außerhalb ihrer „Wirtszellen" nicht mehr lebensfähig, da sie einen Anteil ihrer Gene an den Zellkern abgegeben haben).
- Die in den Chloroplasten enthaltene ringförmige DNA ist nahezu identisch mit derjenigen rezenter (heute lebender) Cyanobakterien, und auch die der Mitochondrien stimmt mit entsprechenden aeroben Bakterienformen überein.
- Die Ribosomen der Chloroplasten und der Mitochondrien sind vom prokaryotischen 70 S-Typ.

1.3 Stoffliche Zusammensetzung von Zellen

Alle Zellen bestehen zu einem hohen Anteil aus Wasser. Weitere wichtige Bestandteile sind organische Verbindungen wie Eiweiße (Proteine), Kohlenhydrate, Fette (Lipide) und die Nukleinsäuren (DNA, RNA).

Wasser

Wasser stellt einen der Grundpfeiler des Lebens auf der Erde dar. Die spezifische Struktur des Wassermoleküls ist Voraussetzung für eine Vielzahl von biologischen Eigenschaften:

- Wasser ist ein **polares Lösungsmittel** für anorganische Ionen und eine Vielzahl organischer Moleküle und ist damit ein ideales Transportmittel.
- Wasser ist ein relativ kleines Molekül, das die Biomembranen (über spezifische Tunnelproteine) fast widerstandslos durchdringen kann (siehe S. 21).
- Wasser ist einer der Ausgangsstoffe der autotrophen Assimilation (Fotosynthese, siehe S. 30 ff.).

- Wasser hat überragende ökologische Bedeutung (siehe S. 89 f.). Es ist ein wichtiger Lebensraum (siehe S. 101 ff.). Im Wasser ist wahrscheinlich das Leben entstanden. Seine größte Dichte hat es bei 4 °C, sodass Gewässer bei Kälte nicht vom Grund her gefrieren (siehe Dichteanomalie des Wassers, S. 102).

Proteine

Proteine (Eiweiße) bestehen im Allgemeinen aus 20 verschiedenen (proteinogenen) **Aminosäuren** (AS), die durch Peptidbindungen miteinander verknüpft sind.

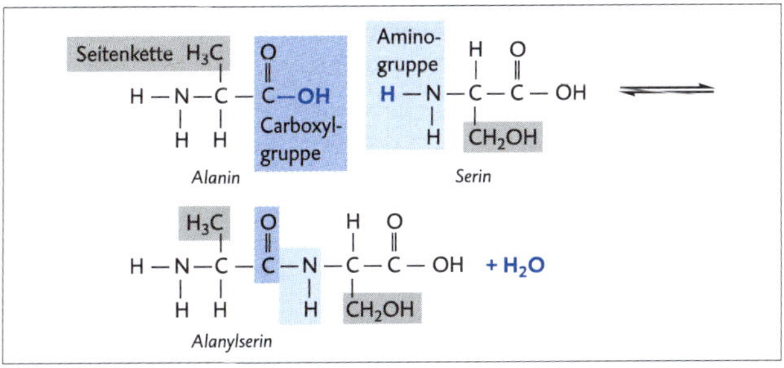

Peptidbindung zweier Aminosäuren

Jede AS besitzt eine **Carboxyl-** und eine **Aminogruppe**, an denen durch Wasserabspaltung die Peptidbindung entstehen kann. Unterschiede gibt es in den spezifischen Kohlenwasserstoffresten. Je nach Beschaffenheit dieser sog. **Seitenketten** (auch: **variable Reste**) werden die AS in vier Klassen eingeteilt:

unpolar	polar	sauer	basisch
Alanin (Ala)	Asparagin (Asn)	Asparaginsäure (Asp)	Arginin (Arg)
Glycin (Gly)	Cystein (Cys)	Glutaminsäure (Glu)	Histidin (His)
Leucin (Leu)	Glutamin (Gln)		Lysin (Lys)
Isoleucin (Iso)	Serin (Ser)		
Methionin (Met)	Threonin (Thr)		
Phenylalanin (Phe)	Tyrosin (Tyr)		
Prolin (Pro)			
Tryptophan (Trp)			
Valin (Val)			

Die Sequenz (Abfolge) der AS in einem Protein ist in der DNA codiert und wird während der Proteinbiosynthese realisiert (siehe (2) S. 22 ff.). Je nachdem, wie viele AS hierbei durch Peptidbindungen miteinander verknüpft werden, unterscheidet man **Dipeptide** (2 AS), **Oligopeptide** (< 10 AS), **Polypeptide** (> 10 AS) und **Proteine** (> 100 AS).

Beim komplexen Aufbau der Proteine sind vier verschiedene Strukturebenen zu erkennen:

- **Primärstruktur:** Reihenfolge der AS im Molekül (AS-Sequenz).
- **Sekundärstruktur:** räumliche Anordnung der AS-Kette, z. B. als Spirale (α-Helix) oder gefaltet (β-Faltblattstruktur); kommt zustande durch Wasserstoffbrückenbindungen zwischen den an den Peptidbindungen beteiligten H- und O-Atomen.

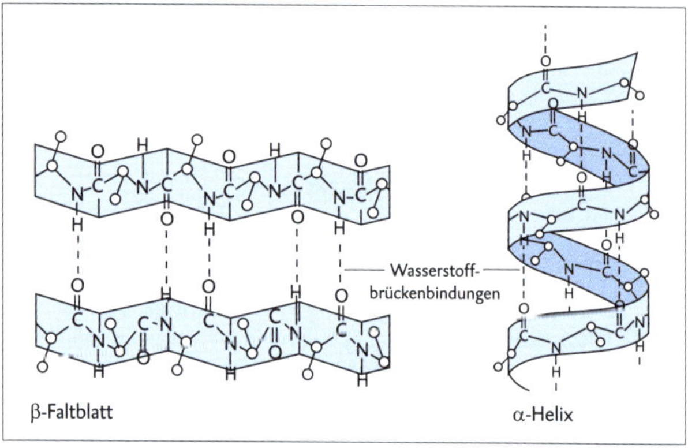

β-Faltblatt- und α-Helix-Struktur

- **Tertiärstruktur:** räumliche Anordnung der Sekundärstrukturen in verschiedenen Formen, wird stabilisiert durch Interaktionen der Seitenketten der AS (Wasserstoffbrückenbindungen, hydrophobe Wechselwirkungen, VAN-DER-WAALS-Kräfte, Disulfidbrücken usw.).
- **Quartärstruktur:** Struktur aus verschiedenen tertiären Untereinheiten, teilweise mit Nicht-Eiweiß-Komponenten (z. B. dem eisenhaltigen Farbstoff Häm im Hämoglobin).

Proteine bestimmen durch das Zytoskelett (siehe S. 16 f.) maßgeblich die **Struktur** von Zellen und in ihrer Funktion als **Enzyme** den Ablauf des Stoffwechsels (siehe S. 24 ff.). Als **Transportproteine** (siehe S. 21 f.) bewirken sie den Transport vieler Stoffe über Biomembranen. Seltener dienen Proteine auch als **Reservestoffe**.

Kohlenhydrate

Die Gruppe der Kohlenhydrate umfasst vor allem **Zucker** und zuckerähnliche Verbindungen. Sie stellt mengenmäßig den größten Anteil der organischen Verbindungen auf der Erde. Zucker werden nach der Anzahl ihrer (durch glykosidische Bindungen verknüpften) Einzelbausteine in **Mono-, Di-, Oligo- und Polysaccharide** eingeteilt.
Kohlenhydrate sind Bestandteile der **Zellwand** und von **Biomembranen** (siehe S. 11 f.) und dienen außerdem als **Reserve- und Speicherstoffe**.

Verbindung	Formel	Vorkommen/Funktion
Monosaccharide, z. B.:		
D-Glucose 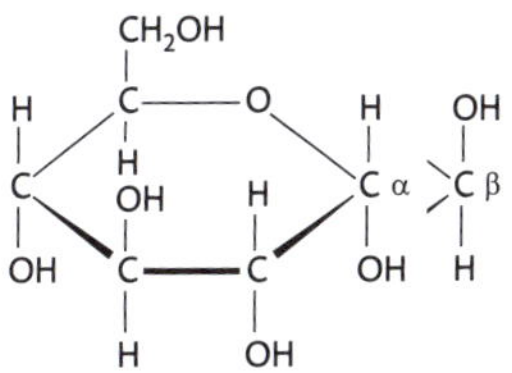	$C_6H_{12}O_6$	α-Glucose: Primärprodukt der Fotosynthese, zentrales Stoffwechselmolekül, Monomer der Maltose, der Saccharose und der Stärke β-Glucose: Monomer der Cellulose
Disaccharide, z. B.:		
Saccharose 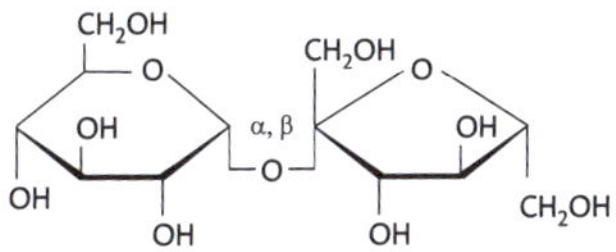	$C_{12}H_{22}O_{11}$	Dimer aus α-D-Glucose und β-D-Fructose

Polysaccharide, z. B.:

Stärke

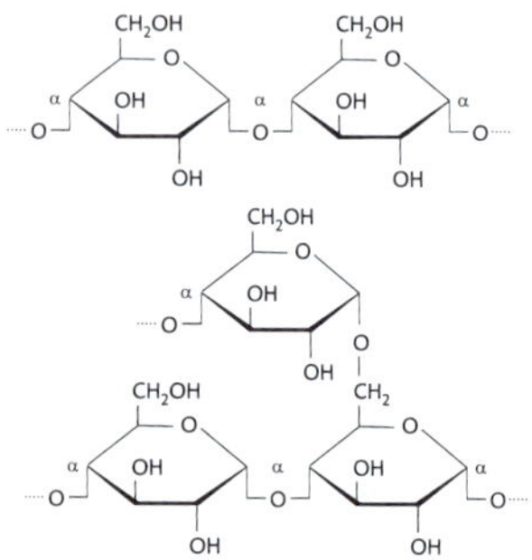

pflanzlicher Reservestoff, aufgebaut aus

- 15–25 % Amylose: lineare, schraubenförmige Verknüpfung von < 500 α-D-Glucose-Molekülen
- 75–85 % Amylopektin: regelmäßig (an ca. jedem 25. Glucoserest) am 6. Kohlenstoffatom verzweigte Kette aus > 2 000 α-D-Glucose-Molekülen

Beispiele für Mono-, Di- und Polysaccharide

Lipide

Lipide umfassen die Gruppe der **Fette** (Triglyceride) und der fettähnlichen Substanzen. Fette sind Ester aus Glycerin und drei meist unterschiedlichen Fettsäuren.

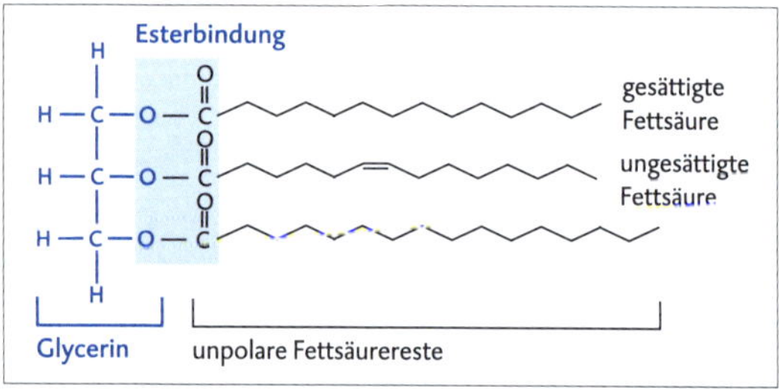

Triglycerid

Die Fettsäuren der tierischen und pflanzlichen Fette haben zwischen 10 und 20 C-Atome. Bei der Veresterung von vorwiegend **gesättigten Fettsäuren** (enthalten nur Einfachbindungen –C–C–; z. B. Palmitinsäure C_{16}, Stearinsäure C_{18}) bilden sich feste Fette. Wenn **ungesättigte Fettsäuren** (enthalten auch Mehrfachbindungen –C=C–; z. B. Ölsäure C_{18}) eingebaut werden, entstehen fette Öle.

Fette dienen als **Reserve-** und **Speicherstoffe** sowie zur **Wärmeisolation**. **Phospholipide**, Ester von Phosphoglycerin (plus Alkoholgruppe, –R) mit zwei meist ungesättigten Fettsäuren, sind Bestandteile von **Biomembranen** (siehe unten).

Nukleotide

Die aus Base, Zucker und Phosphatrest aufgebauten Nukleotide sind in Form von Adenosintriphosphat (ATP), Nicotinamidadenindinukleotid ($NADH + H^+$) oder Flavinadenindinukleotid ($FADH_2$) die universalen **Energie-** und **Wasserstoffüberträger** im Stoffwechsel (siehe S. 30 ff.). Zu langen Ketten, den Nukleinsäuren, verknüpft sind Nukleotide **Träger der Erbinformation**, die in der DNA bzw. RNA durch die Abfolge (Sequenz) der Basen Adenin, Thymin (DNA) bzw. Uracil (RNA), Guanin und Cytosin codiert ist (siehe (2) S. 18 ff.).

1.4 Zellbestandteile

Neben den in Kap. 1.3 genannten chemischen Bausteinen haben alle lebenden Zellen auch einige **Grundstrukturen** gemeinsam:

Biomembranen

Lipiddoppelschichten (auch: **Doppellipidschichten**) bilden die Grenzflächen aller Zellen und der darin enthaltenen Kompartimente.
Die Bildung und Anordnung einer Lipiddoppelschicht wird durch die unterschiedliche Polarität in Fettmolekülen erklärbar: Die unpolaren Kohlenwasserstoffketten sind **hydrophob** („Wasser abstoßend“) und lagern sich zueinander gewandt im Zentrum einer Biomembran an. Der **hydrophile** („Wasser liebende“) Bereich zeigt in einer Doppellipidschicht immer nach außen.
In und auf einer solchen Biomembran befinden sich meist **Proteinmoleküle** mit unterschiedlicher Struktur und Funktion. Biomembranen bilden nach dem **Flüssig-Mosaik-Modell** von SINGER und NICOLSON zähflüssige Strukturen, die sich ständig verändern und in denen die Proteinmoleküle zu schwimmen scheinen.
Auf der nach außen gewandten Seite der **Zellmembran** (auch: **Plasmalemma**) befindet sich die **Glykokalyx** (Biomembranen innerhalb einer Zelle haben keine Glykokalyx). Sie besteht aus Kohlenhydratketten, die an Membranlipide (Glykolipide) und an Membranproteine (Glykoproteine) gebunden sind. Die Glykokalyx bestimmt wesentlich die Oberflächenstruktur von Zellen.

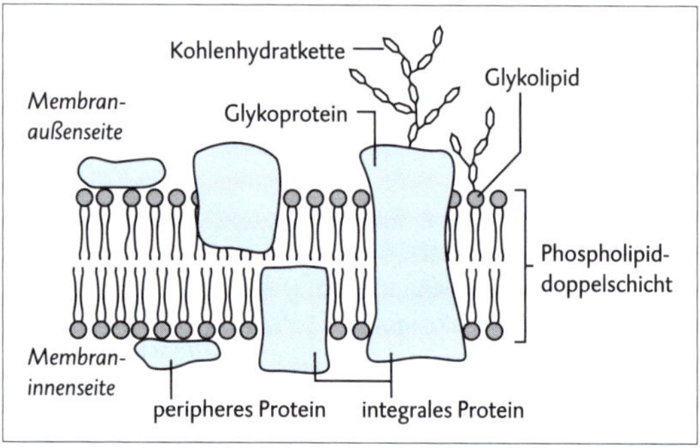

Modell einer Zellmembran

Zytoplasma

Das **Zytoplasma** (auch: **Zellplasma**) ist das zentrale Kompartiment einer Zelle und wird von der **Zellmembran** begrenzt. Es besteht zu ca. zwei Dritteln aus Wasser. Proteine sind mit etwa 20 % z. B. in Form des Zytoskeletts und verschiedener Enzyme vertreten. Der Rest besteht aus unterschiedlichen Kohlenhydraten, Fetten, anorganischen Ionen und wasserlöslichen organischen Molekülen.

Im Zytoplasma laufen eine Vielzahl von **Synthesen**, wie z. B. die Proteinbiosynthese (siehe (2) S. 22 ff.), ab. Der **Transport** von Stoffen und Informationen ist ebenfalls meist an das Zytoplasma gebunden.

Ribosomen

Diese sehr kleinen komplexen Moleküle ohne Membranstrukturen bestehen aus ca. 80 Proteinmolekülen und bis zu vier r(ibosomalen)RNA-Molekülen, die in einer **großen** und einer **kleinen Untereinheit** strukturiert sind. Die Ribosomen der Pro- und Eukaryoten unterscheiden sich in ihrer Größe (siehe S. 3 f.).

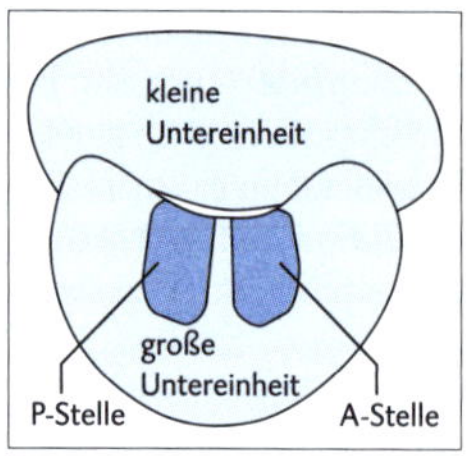

Ribosom

In einer Zelle gibt es mehrere Zehntausend Ribosomen, die frei im Plasma oder in eukaryotischen Zellen auch an das raue ER (siehe S. 13) gebunden vorliegen können. An den Ribosomen findet die **Proteinbiosynthese** statt (siehe (2) S. 22 ff.).

Durch Membranen abgetrennte **Kompartimente (Zellorganellen)** sind den eukaryotischen Zellen vorbehalten. Tierische und pflanzliche Zellen haben viele Grundstrukturen gemeinsam.

Zellkern

Dieses Organell ist von einer **doppelten Membran** umgeben. Die äußere Membran und der Membranzwischenraum gehen fließend in das endoplasmatische Retikulum (siehe unten) über. Zahlreiche **Kernporen** in der Kernhülle stellen die Verbindung zum Zytoplasma her.

Der Zellkern enthält in Form der Chromosomen die gesamte **Erbinformation** für den Bau und die Funktion der Zelle (außer der plastidären und mitochondrialen DNA) und ist damit Ausgangspunkt der Genexpression (siehe (2) S. 22 ff.). Das Kernkörperchen **(Nukleolus)** ist der Syntheseort für Ribosomenbausteine.

Endoplasmatisches Retikulum (ER)

Dieses System von miteinander verbundenen Kanälen und flachen Räumen (Zisternen) durchzieht von der äußeren Kernmembran ausgehend das gesamte Zytoplasma. Es gibt zwei ineinanderfließende Formen: das **raue ER**, das auf der Plasmaseite dicht mit Ribosomen besetzt ist, und das **glatte ER**, das keine Ribosomen auf der Oberfläche besitzt.

Das ER ist **Syntheseort** für Proteine (Exportproteine und Membranproteine) und bei tierischen Zellen auch für Membranlipide. Weiterhin stellt es ein weitverzweigtes **Transportsystem** innerhalb der Zelle und teilweise auch zwischen Zellen dar.

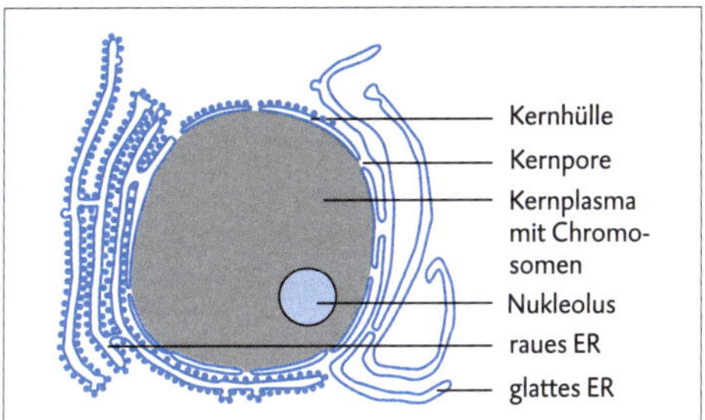

Zellkern und endoplasmatisches Retikulum

Golgi-Apparat

Ein Stapel von abgeflachten und nicht miteinander verbundenen Zisternen wird als **Dictyosom** bezeichnet.

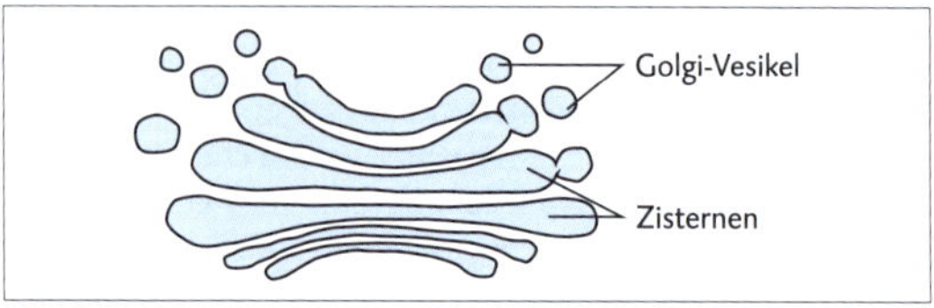

Dictyosom

Die Gesamtheit aller Dictyosomen einer Zelle nennt man **Golgi-Apparat**. Er ist eine Art **Verarbeitungs- und Umschlagzentrale** für Stoffe unterschiedlicher Herkunft. Transportvesikel sichern die Verbindung zwischen den Dictyosomen und dem ER sowie zwischen dem Zellinneren und der Umgebung. In den Dictyosomen werden vom ER in Vesikeln angelieferte Stoffe wie Proteine und Polysaccharide gespeichert und chemisch verändert, sozusagen „exportfertig" gemacht.

Vesikel

Die **Lysosomen** sind Vesikel in tierischen Zellen, die Verdauungsenzyme beinhalten und in denen die intrazelluläre Verdauung abläuft (siehe S. 22). **Peroxisomen** und **Glyoxysomen** sind ebenfalls kleine membranbegrenzte Kompartimente. Sie sind am Fettsäureabbau beteiligt.

Mitochondrien

Die Mitochondrien sind lichtmikroskopisch gerade noch sichtbare Zellorganellen, die von einer äußeren Hüllmembran und einer inneren Membran mit zahlreichen Einstülpungen (Cristae oder Tubuli) umgeben sind, also eine **Doppelmembran** aufweisen.

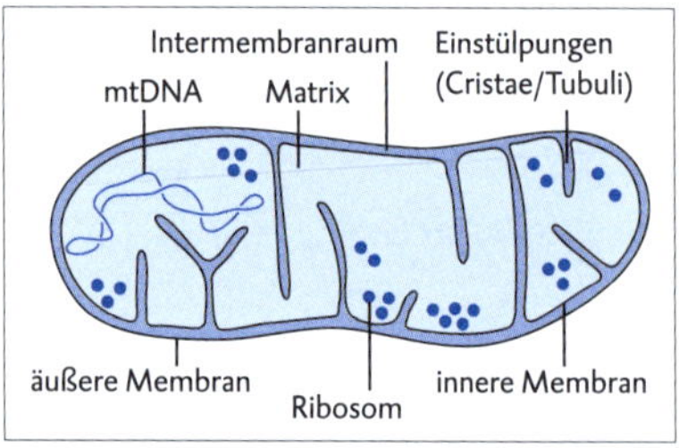

Mitochondrium

In der inneren Membran, mit ihrer durch die Faltungen **stark vergrößerten Oberfläche**, befinden sich die Enzymkomplexe der Atmungskette (siehe S. 43 f.). Zwischen beiden Membranen befindet sich der **In-**

termembranraum (auch: **perimitochondrialer Raum**). Im Innenraum der Mitochondrien **(Matrix)** liegen die mitochondriale DNA (ringförmige **mtDNA**) sowie ein vollständiger Proteinbiosynthese-Apparat vor.
In den Mitochondrien finden wichtige Schritte der **Zellatmung** statt (siehe S. 41 ff.).

Neben den oben genannten Komponenten, die fast allen eukaryotischen Zellen gemeinsam sind, gibt es auch einige weitere Zellbestandteile, die **typisch für pflanzliche bzw. tierische Zellen** sind:

Chloroplasten

Die fotosynthetisch aktiven Plastiden der grünen Pflanzenzellen sind Organellen, die wie die Mitochondrien eigene spezifische plastidäre (pt)DNA und einen kompletten Proteinbiosynthese-Apparat im Matrixbereich, dem **Stroma**, besitzen. Die innere Membran der **Doppelmembran** ist in abgeflachte und ins Stroma hineinreichende Bläschen gefaltet, die als **Thylakoide** bezeichnet werden **(Oberflächenvergrößerung)**. Granathylakoide (Thylakoidstapel) sind Membranbläschen, die geldrollenartig dicht übereinanderliegen, Stromathylakoide liegen dagegen einlagig vor.
In den Chloroplasten findet die **Fotosynthese** statt, deren Primärprodukt Glucose meist in Assimilationsstärke umgewandelt und als Stärkekörner gespeichert wird (siehe S. 39).

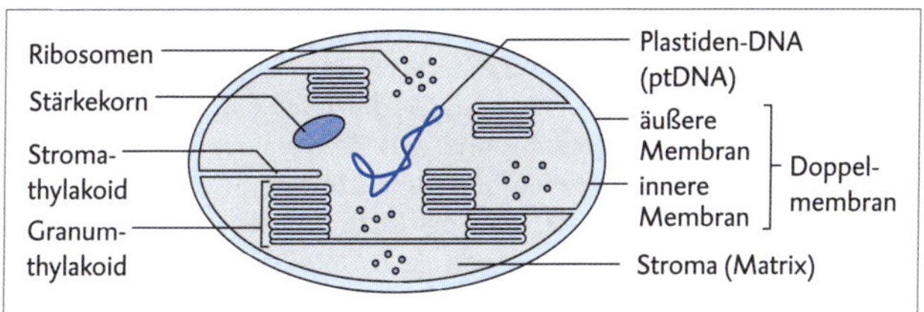

Chloroplast

Außer den Chloroplasten gibt es in Pflanzenzellen noch verschiedene andere Plastidenformen mit unterschiedlichen Funktionen, z. B. **Amyloplasten** (Stärkespeicher), **Chromoplasten** (Blattfärbung) und **Leukoplasten** (farblose Plastiden fotosynthetisch inaktiver Gewebe, werden meist in Speicherplastiden umgewandelt). Alle Plastidenformen sind aus Proplastiden hervorgegangen, die sich von anderen Plastiden abgeschnürt haben, und sind teilweise ineinander umwandelbar.

Vakuolen

Pflanzenzellen enthalten meist eine große zentrale Vakuole, ein von einer besonderen Membran, dem **Tonoplasten**, umgebenes Kompartiment. Der Inhalt besteht zum größten Teil aus Wasser mit unterschiedlichsten gelösten Stoffen. Diese sind teilweise temporär vorhanden, z. B. **Reservestoffe** wie Saccharose und Speicherproteine. Ständig genutzt werden die Vakuolen als Speicher für **sekundäre Pflanzenstoffe** (z. B. Farbstoffe), Stoffwechselendprodukte, die die Pflanze nicht ausscheiden kann, oder wasserlösliche **Vitamine**. Ein Teil der durch die Zelle aufgenommenen Stoffe wird durch lytische Enzyme der Vakuole „verdaut". Außerdem reguliert die osmotisch erzeugte Innenspannung der manchmal bis zu 90 % des Zellvolumens einnehmenden Zentralvakuole zusammen mit der **Zellwand** (siehe unten) der pflanzlichen Zellen den Zellinnendruck (**Turgor**, siehe S. 20).

Zellwand

Dieses **stützende und strukturbildende Element** pflanzlicher Zellen baut sich ausgehend von der Zellmembran in verschiedenen Wandstrukturen auf. Ihr Hauptbestandteil ist die Cellulose (Polysaccharid), deren Fasern ähnlich der Schichten einer Sperrholzplatte übereinandergelagert sind, was für eine große Festigkeit sorgt. In das Cellulosegerüst können verschiedene Stoffe wie z. B Lignin (Holzstoff) und Suberin (Korkstoff) eingelagert sein.
Der Kontakt zu benachbarten Zellen wird über sog. **Plasmodesmen** hergestellt. Das sind Plasmafäden des ER, die durch Öffnungen der Zellwand **(Tüpfel)** die Verbindung und den Stoffaustausch mit anderen Zellen ermöglichen. An Stellen ohne unmittelbaren Kontakt der Zellwände entstehen Hohlräume, die sog. **Interzellularen**, die vielfältige Transportaufgaben erfüllen können (z. B. Interzellularräume in den Laubblättern für den Gastransport, siehe S. 31).

Mikrotubuli

Diese röhrenförmigen Proteinstrukturen sind in allen eukaryotischen Zellen am Aufbau des **Zytoskeletts** und an der Ausbildung der **Spindelfaserapparate** für die Zellteilung (siehe S. 17 f.) beteiligt.

Zentriolen bestehen aus 27 Mikrotubuli, die in neun Dreierpaketen zylinderförmig angeordnet sind. Bei Tierzellen bilden immer zwei Zentriolen ein im rechten Winkel zueinander angeordnetes Paar im Zentrum des Spindelpols. Außerdem stellen Zentriolen die Basis für **Geißeln** dar, die z. B. bei eukaryotischen Einzellern und bei Spermazellen der Fortbewegung dienen.

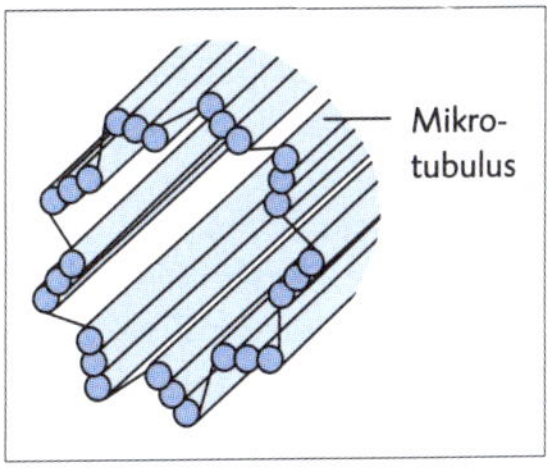

Zentriol

1.5 Zellteilungen

Die Vermehrung von einzelligen Lebewesen sowie Wachstumsprozesse und der Ersatz von Zellen in mehrzelligen Organismen erfolgen über **Zellteilungen**, die mit der identischen Weitergabe des Erbguts der Mutterzelle an die Tochterzellen verbunden sind.
Der eigentlichen Teilung der Zelle geht bei den Eukaryoten die Kernteilung, die sog. **Mitose**, voraus. Bei Eukaryoten liegt das Erbgut in Form der Chromosomen vor (siehe (2) S. 8 ff.). Die identischen Spalthälften der Chromosomen, die (Schwester-)Chromatiden, werden bei der Mitose gleichmäßig auf die Tochterzellen verteilt. Die Chromatiden werden anschließend in der **Interphase** vor der nächsten Zellteilung wieder verdoppelt. Mitose und Interphase bilden zusammen den **Zellzyklus:**

- **Prophase:** Die Chromosomen verdicken sich (Spiralisierung), die Kernhülle und das Kernkörperchen lösen sich auf. Zwischen den Zentrosomen (die die Spindelpole darstellen) mit je einem Zentriolenpaar bildet sich der Spindelfaserapparat aus.
- **Metaphase:** Die maximal spiralisierten Chromosomen (Transportform) werden durch die Spindelfasern in der Äquatorialebene der Zelle ausgerichtet.
- **Anaphase:** Die Chromosomen werden an den Zentromeren in die Schwesterchromatiden aufgetrennt (Einchromatid-Chromosomen), die durch die Spindelfasern zu den entgegengesetzten Spindelpolen gezogen werden.

- **Telophase:** Der Spindelfaserapparat wird wieder abgebaut, die beiden Zellen schnüren sich ab und bilden eine neue Kernhülle und neue Nukleoli aus. Die Chromosomen entspiralisieren sich wieder (Arbeitsform).
- **G_1-Phase:** Genexpression (siehe (2) S. 22 ff.).
- **S-Phase:** Durch identische Replikation der DNA (siehe (2) S. 20 ff.) entstehen wieder Zweichromatid-Chromosomen.
- **G_2-Phase:** Weitere Genexpression; Vorbereitung einer neuen Mitose.

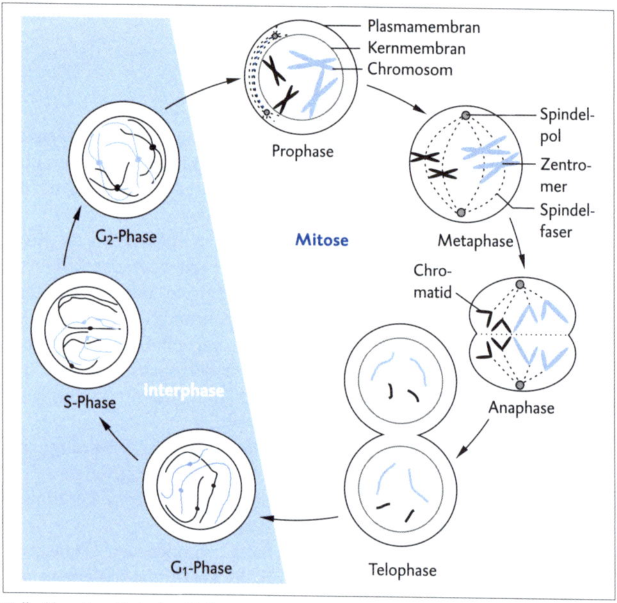

Zellzyklus einer tierischen Zelle

Zur Bildung von Geschlechtszellen (Gameten) bei der sexuellen Fortpflanzung eukaryotischer Organismen gibt es eine spezielle Zellteilungsform, die **Meiose**. Dabei wird der Chromosomensatz der Zelle halbiert und die homologen Chromosomen werden zufällig auf die Tochterzellen aufgeteilt (siehe (2) S. 10 ff).

1.6 Transportvorgänge

Die lebensnotwendigen Transportvorgänge zum Stoffaustausch mit der Umgebung erfolgen durch Membranen meist gerichtet und spezifisch. Nur sehr wenige kleine unpolare Moleküle oder Gase können sich sozusagen „grenzenlos" ausbreiten.

Diffusion und Osmose

Als **Diffusion** bezeichnet man die irreversible Vermischung von Molekülen in Flüssigkeiten oder Gasen, die entlang eines Konzentrationsgefälles (Gradienten) erfolgt und zum Konzentrationsausgleich führt.
Die Grundlage für diese ständige Vermischung unterschiedlicher Komponenten (z. B. Ionen, Zuckermoleküle, Hormone usw.) bildet die **BROWNsche Molekularbewegung**, die stetige ungerichtete Wärmebewegung aller Teilchen. Da die Zelle für den Stoffaustausch durch Diffusion keine Energie aufbringen muss, handelt es sich um eine **passive Transportform**. Die Geschwindigkeit der Diffusion ist vor allem von der Molekülgröße und -masse, der Löslichkeit sowie dem Konzentrationsgradienten des Stoffes und der Temperatur abhängig. Diffusionsvorgänge sorgen z. B. für die Versorgung von Enzymen mit neuem Substrat und für die Verteilung der Produkte.

Osmose ist die durch eine Biomembran eingeschränkte einseitige Diffusion. Biomembranen sind **semipermeabel** (halbdurchlässig) und lassen nur wenige unpolare und kleinere polare Moleküle (z. B. Wasser) relativ frei passieren. Andere Moleküle können aufgrund ihrer Größe oder Ladung die Membran nicht ohne Weiteres durchdringen.

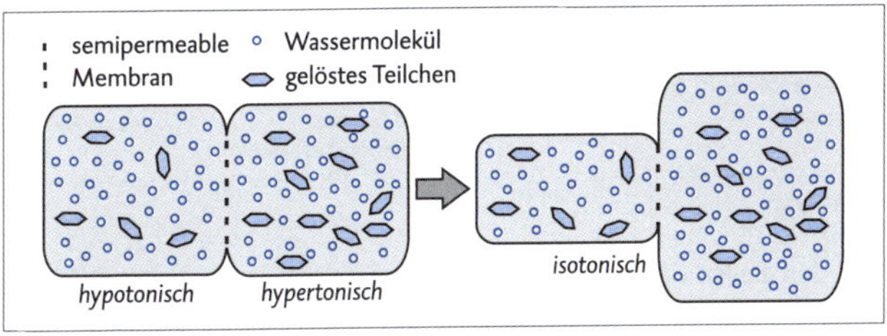

Schema zur Osmose

Wasserlösliche Moleküle wie Ionen und Monosaccharide, die von einer semipermeablen Membran zurückgehalten werden, sind **osmotisch**

wirksam. Wasser strömt in Richtung seines Konzentrationsgradienten von der Membranseite mit dem geringeren Anteil an osmotisch wirksamen Molekülen **(hypotonische Lösung)** auf die Membranseite mit dem größeren Anteil osmotisch wirksamer Stoffe und relativ weniger Wassermolekülen **(hypertonische Lösung)**. Das Ergebnis ist ein ausgeglichenes Konzentrationsverhältnis **(isotonische Lösungen)**.

Plasmolyse und Deplasmolyse

Wird in die Vakuole einer Pflanzenzelle (wegen der darin gelösten Stoffe eine im Vergleich zum Außenmilieu normalerweise hypertonische Lösung) Wasser aufgenommen, so wird zunehmend ein Druck auf die wenig elastischen Cellulosefasern der Zellwand ausgeübt. Es baut sich ein Gegendruck auf, der die Wasseraufnahme zum Erliegen bringt. Dieses dynamische Gleichgewicht erhält als **Turgor** (Zellinnendruck) die Spannung in pflanzlichen Geweben aufrecht.
Tierische Zellen, die nicht durch eine Zellwand stabilisiert werden, können bei massiver Wasseraufnahme aus einer hypotonischen Außenlösung platzen (z. B. rote Blutkörperchen in destilliertem Wasser).

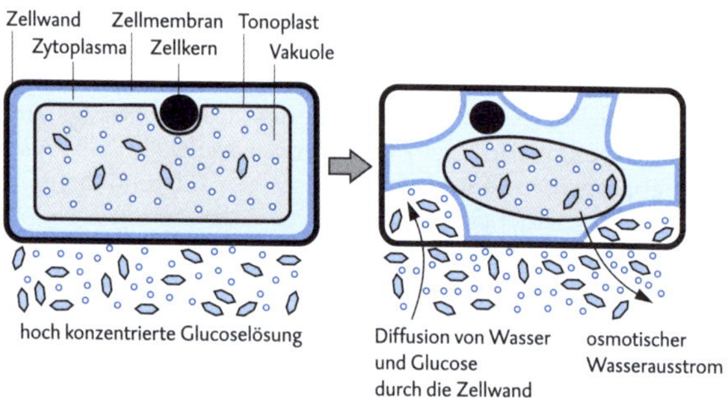

Plasmolyse

Werden Zellen dagegen einer stark hypertonischen Lösung (z. B. Kochsalz- oder Zuckerlösungen) ausgesetzt, schrumpft das Zellvolumen durch osmotischen Wasserverlust. Bei pflanzlichen Zellen kommt es dann vor, dass Plasma- und Vakuolenvolumen so stark verringert werden, dass sich die Zellaußenmembran von der Zellwand ablöst und der entstandene Raum zunehmend durch die hypertonische Außenlösung eingenommen wird. Dies bezeichnet man als **Plasmolyse**. Bei nicht zu starker Schädigung der Zelle kann dieser Effekt durch das Ersetzen der hypertonischen durch eine hypotonische Lösung (z. B. destilliertes Wasser) wieder umgekehrt werden und es kommt zur **Deplasmolyse**.

Proteingebundene Transportformen

Große oder elektrisch geladene Moleküle und Ionen können Lipiddoppelschichten nicht durchdringen. Auch Wasser und andere kleine hydrophile Moleküle können nur relativ langsam durch die hydrophoben Lipiddoppelschichten hindurch diffundieren. Fast alle hydrophilen Moleküle werden daher mithilfe von speziellen **integralen Proteinen** in die Zelle aufgenommen, die meist substratspezifisch einen bestimmten Stoff transportieren. Es gibt aber auch den gleichzeitigen (gekoppelten) Transport mehrerer Substrate durch das gleiche Membranprotein. Hierbei unterscheidet man zwischen **Symport**, bei dem zwei Moleküle in dieselbe Richtung transportiert werden, und **Antiport**, bei dem ein Molekül gegen ein anderes (oder mehrere andere) ausgetauscht wird.
Der Transport von Molekülen kann durch **Tunnelproteine** (auch: **Kanalproteine, Porenproteine**) **passiv** in Richtung eines Konzentrationsgefälles erfolgen (siehe z. B. Kaliumionenkanäle, S. 50 ff.). Man spricht dabei von katalysierter oder **erleichterter Diffusion**. Die Diffusionsrate kann dadurch im Vergleich zur freien Diffusion stark erhöht werden. Manche Tunnelproteine werden über elektrische oder chemische Signale gesteuert (z. B. spannungsabhängige Natriumionenkanäle, S. 51).

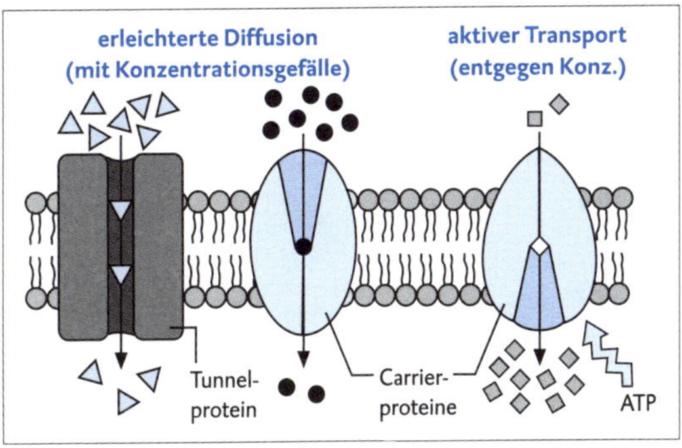

Stofftransport durch integrale Proteine

Eine zweite Möglichkeit des Transports stellen spezifische **Carrierproteine (Transporter)** dar, die den zu transportierenden Stoff an einer Membranseite aufnehmen und durch Änderungen ihrer Konformation zur Gegenseite transportieren. Dies kann sowohl passiv entlang eines Konzentrationsgradienten als auch **aktiv** unter Energieverbrauch erfolgen. Im Fall des aktiven Transports werden die Carrier oft als **Pumpen** bezeichnet (siehe z. B. Natrium-Kalium-Ionenpumpe, S. 50 ff.). Für den aktiven Transport entgegen dem Konzentrationsgefälle ist die Aufwendung von Stoffwechselenergie in Form von ATP (siehe S. 24) nötig.

Membrangebundene Transportformen

Innerhalb einer Zelle und zwischen der Zelle und ihrer Umgebung sind Transporte mithilfe von Membranbläschen, den **Vesikeln**, möglich. Das zu transportierende Material wird dazu in einen sich abschnürenden Teil einer Biomembran eingeschlossen.
Bei der **Endozytose** werden feste Partikel (Phagozytose) oder Flüssigkeiten (Pinozytose) durch Vesikelbildung der Zellaußenmembran in die Zelle aufgenommen. Beim umgekehrten Vorgang, der **Exozytose**, verschmilzt ein vom Golgi-Apparat abgeschnürtes Membranbläschen mit der Zellmembran und gibt seinen Inhalt so nach außen ab.
Bei Einzellern dient dieses System hauptsächlich der **Nahrungsbeschaffung** und der intrazellulären Verdauung. Bei höheren Lebewesen erfolgt meist eine durch spezifische Rezeptoren vermittelte Endozytose zum Abbau und zur Deponierung von körpereigenen oder körperfremden Zellen oder Molekülen (z. B. Immunabwehr, siehe (2) S. 67 ff.).

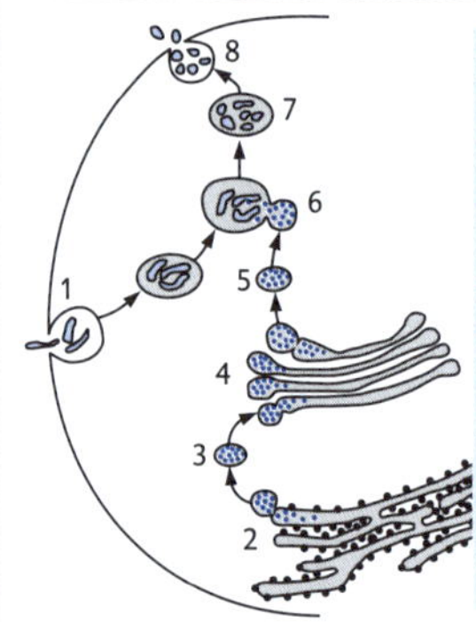

1 Aufnahme der Partikel durch Phagozytose
2 Synthese von Lysozym u. a. Verdauungsenzymen am rauen ER
3 Transport der Enzyme in Vesikeln zum Golgi-Apparat
4 Umbau der Enzyme im Dictyosom
5 Abschnüren von Golgi-Vesikel mit Verdauungsenzymen (= Lysosom)
6 Verschmelzen des Nahrungsvesikels mit dem Lysosom
7 Verdauung der Partikel im Nahrungsvesikel
8 Abgabe der Reste durch Exozytose

Intrazelluläre Verdauung

2 Stoff- und Energiewechsel

Lebewesen und ihre kleinsten lebensfähigen Struktureinheiten, die Zellen, sind **thermodynamisch offene Systeme**, die auf eine ständige Zufuhr von Energie aus der Umgebung angewiesen sind. Die primäre Energiequelle für das Leben auf der Erde ist in der Regel das **Sonnenlicht** (Fotosynthese, siehe S. 30 ff.). Neben den Struktur erhaltenden und Wachstum ermöglichenden Stoffwechselprozessen sind es vor allem Bewegung und Transportvorgänge, für die ständig Energie bereitgestellt werden muss.

2.1 Lebende Organismen als energetische Systeme

Thermodynamische Grundlagen

Nach dem 1. Hauptsatz der Thermodynamik **(Energieerhaltungssatz)** kann Energie in einem abgeschlossenen System weder geschaffen noch vernichtet, sondern nur von einer Form in eine andere umgewandelt werden. Der 2. Hauptsatz der Thermodynamik beschreibt, dass in einem geschlossenen System mit konstantem Energieinhalt die **Entropie**, das Maß für die „thermodynamische Unordnung", stetig zunimmt.

Die Entropie verringert sich z. B. durch den Einbau zellfremder Stoffe in die höher geordneten Strukturen eines Organismus. Daher verbrauchen lebende Systeme für die Erhaltung ihres „Ordnungszustandes" kontinuierlich Energie.

Durch die Zu- und Abfuhr von Energie und Stoffen aus einem offenen System entsteht ein **Fließgleichgewicht**, das gewährleistet, dass prinzipiell reversible biochemische Reaktionen in eine bestimmte Richtung ablaufen. Reaktionsprodukte und die darin enthaltene Energie werden in einer Kette gekoppelter biochemischer Reaktionen verbraucht und letztendlich ausgeschieden. Nur dadurch sind die vollständige Umwandlung von Stoffen und die damit verbundene Arbeitsleistung eines Organismus möglich.

Damit eine biochemische Reaktion ablaufen kann, muss zum Start immer eine „energetische Hemmschwelle" durch Zufuhr von **Aktivierungsenergie** überwunden werden. Die **freie Energie** ΔG einer biochemischen Reaktion entscheidet dann darüber, ob sie spontan ablaufen kann oder nicht. Ist $\Delta G > 0$, so ist die Reaktion **endergonisch**, d. h., sie läuft nicht freiwillig, sondern nur unter Energiezufuhr ab. Bei einem negativen Wert ($\Delta G < 0$) ist sie entsprechend **exergonisch**, d. h., bei ihrem Ablauf wird Energie freigesetzt und sie läuft damit freiwillig ab.

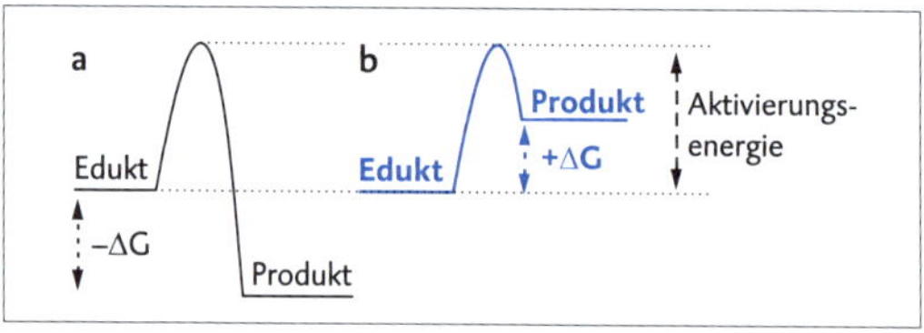

Exergonische (a) und endergonische (b) Reaktion

Energetische Kopplung

Viele biochemische Reaktionen sind endergonisch und laufen nur durch **energetische Kopplung** mit einem Energie liefernden exergonischen Vorgang ab. Der wichtigste frei transportierbare und **universelle Energieüberträger** ist die energiereiche Phosphatverbindung Adenosintriphosphat (**ATP**, siehe S. 11). Die im Stoffwechsel bei einer exergonischen Reaktion frei werdende Energie wird verwendet, um aus Adenosindiphosphat (ADP) und Phosphat (P_i) ATP aufzubauen. Wird Energie für eine endergonische Reaktion benötigt, so kann diese durch die Spaltung von ATP in ADP und P_i geliefert werden.

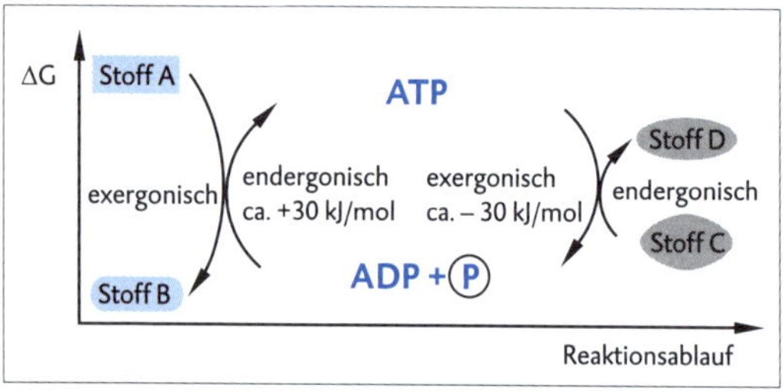

Energieübertragung

2.2 Biokatalyse durch Enzyme

Die meisten biochemischen Reaktionen würden unter den in Zellen herrschenden Bedingungen ohne **Biokatalyse** zu langsam ablaufen, um den für Wachstum und Überleben notwendigen Stoffumsatz zu erreichen. Um die Umsatzraten zu beschleunigen, werden biochemische Reaktionen durch **Enzyme** katalysiert. Diese Biokatalysatoren **erniedri-**

gen die Aktivierungsenergie so weit, dass pro Zeiteinheit eine wesentlich höhere Anzahl an Teilchen umgesetzt werden kann. Die Absenkung der Aktivierungsenergie erfolgt durch eine reversible Bindung des Ausgangsstoffes (Substrat, Edukt) an das Enzym. Wie alle Katalysatoren gehen Enzyme **unverändert** aus der ablaufenden Reaktion hervor (werden nicht verbraucht) und werden nur in **relativ geringen Mengen** benötigt.

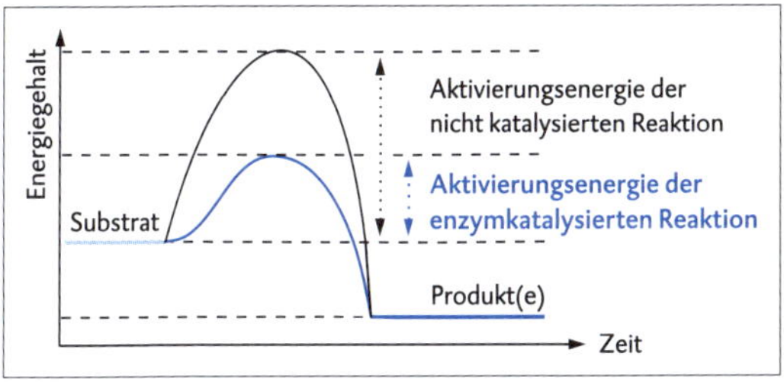

Biokatalyse am Beispiel einer exergonischen Reaktion

Bau und Funktion

Die meisten Enzyme sind reine Proteine unterschiedlicher Größe und Form. Bei den übrigen, den Holoenzymen, verfügt ein Eiweißanteil, das **Apoenzym**, zusätzlich noch über für die Katalyse notwendige Komponenten, die sogenannten **Cofaktoren**. Das können z. B. Metallionen wie Magnesium- oder Eisenionen sein. Handelt es sich um organische Cofaktoren, so werden diese auch als **Coenzyme** bezeichnet. Je nachdem, ob die Cofaktoren fest oder reversibel mit dem Apoenzym verbunden sind, kann man weiterhin zwischen **prosthetischen Gruppen** und **Cosubstraten** unterscheiden.
Die wichtigsten Cosubstrate sind ATP bzw. ADP sowie $NADPH + H^+$ bzw. $NADP^+$ (siehe S. 11 und 30 ff.).

Allen Enzymen gemeinsam sind Strukturen an ihrer Oberfläche, die es ermöglichen, die **Substrate (Edukte)** nach dem **Schlüssel-Schloss-Prinzip** reversibel zu binden. Durch das dreidimensionale Profil und eine bestimmte Ladungsstruktur dieser **aktiven Zentren** sind Enzyme **substratspezifisch**, lagern also nur einen bestimmten Stoff (oder sehr ähnliche Stoffe) an. Außerdem sind sie **reaktions- bzw. wirkungsspezifisch**, d. h., sie katalysieren immer nur eine bestimmte biochemische Umsetzung der Substrate zu einem oder mehreren Produkten.

Über das aktive Zentrum verbindet sich das Enzym mit seinem Substrat bzw. seinen Substraten zu einem **Enzym-Substrat-Komplex**.

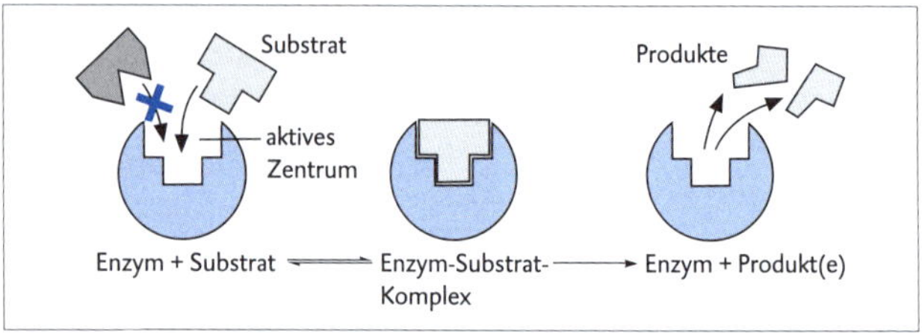

Schema einer Enzymreaktion

Die am Ende einer Enzymreaktion entstehenden Produktmoleküle sind nicht mehr mit den Strukturen des aktiven Zentrums kompatibel und lösen sich vom Enzym ab. Das Enzym kehrt in seinen Ausgangszustand zurück und kann nun ein neues Substratmolekül aufnehmen.

Enzyme lassen sich, je nach der durch sie katalysierten Reaktion, in **Enzymklassen** zusammenfassen:

Klasse	katalysierte Reaktionen	Beispiel
Oxidoreduktasen	biologische Oxidationen und Reduktionen (Abspaltung/Anlagerung von Wasserstoff)	Alkoholdehydrogenase (reduziert Ethanal zu Ethanol)
Transferasen	Übertragung von Molekülgruppen	Transaminase (Übertragung von Aminogruppen beim Aminosäureabbau)
Hydrolasen	Spaltung von Bindungen durch Wasseranlagerung	Peptidase (Spaltung von Peptidbindungen, Proteinabbau)
Lyasen	nicht-hydrolytische Addition oder Spaltung von Molekülen	Citratsynthase
Isomerasen	Umlagerungen innerhalb eines Moleküls	Glucose-Isomerase (Umwandlung von Glucose in Fructose)
Ligasen	Ausbildung von Bindungen unter ATP-Verbrauch	DNA-Ligase (verknüpft DNA-Abschnitte über Esterbindungen)

Enzymkinetik

Die **Reaktionsgeschwindigkeit (Enzymaktivität)** ist von der Geschwindigkeit der Bildung und Lösung des Enzym-Substrat-Komplexes abhängig. Diese wiederum wird von einer Reihe von Faktoren beeinflusst:

- **Temperatur:** Nach der **Reaktionsgeschwindigkeits-Temperatur (RGT)-Regel** (auch: **Q10-Regel**) verdoppelt sich die Reaktionsgeschwindigkeit chemischer Reaktionen mit der Erhöhung der Temperatur um 10 °C. Für biochemische Reaktionen gilt diese Regel nur in einem bestimmten Temperaturbereich, da die Tertiärstruktur der Enzyme bei hohen Temperaturen **(hitze)denaturiert** wird.
- **pH-Wert:** Die Enzymaktivität wird auch durch den pH-Wert des umgebenden Mediums beeinflusst. Das jeweilige Temperatur- bzw. pH-Wert-Optimum eines Enzyms hängt dabei von den normalerweise in seiner Umgebung herrschenden Bedingungen ab.

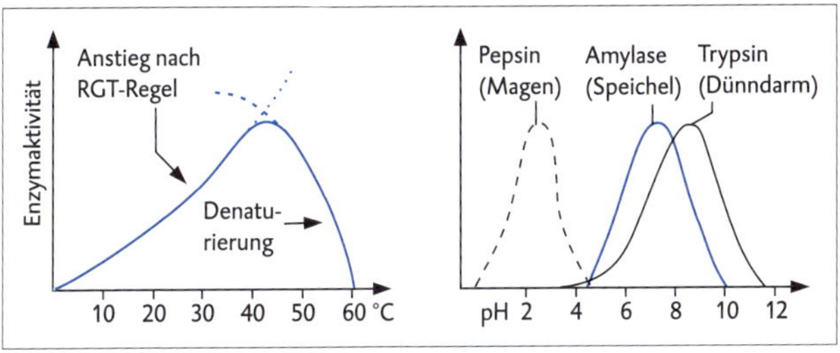

Abhängigkeit der Enzymaktivität von der Temperatur und dem pH-Wert

- **Substratkonzentration:** Die Umsatzgeschwindigkeit eines Enzyms wird auch durch die Substratkonzentration bestimmt. Solange noch nicht alle Enzymmoleküle mit Substrat gesättigt sind, kann die Reaktionsgeschwindigkeit durch Erhöhung der Subs-

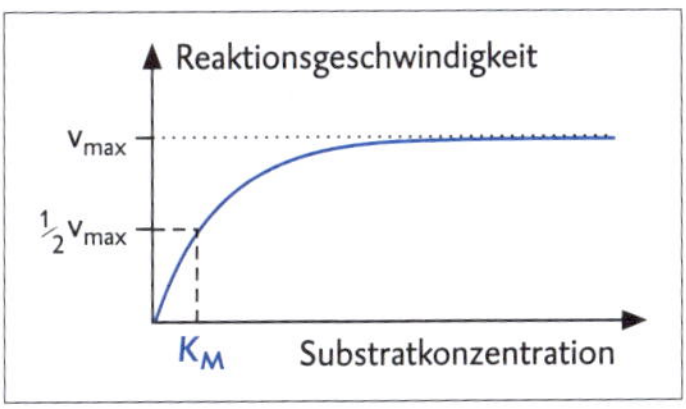

Michaelis-Menten-Kinetik

tratkonzentration angehoben werden. Jedes Enzym hat eine charakteristische Affinität zu seinem Substrat, die durch seine **Michaelis-Konstante K_M** ausgedrückt wird. Je kleiner diese Konstante (Substratkonzentration bei halbmaximaler Geschwindigkeit) ist, desto effektiver bindet das Enzym sein Substrat.

Enzymhemmung

Die Enzymwirkung kann durch verschiedene Stoffe negativ oder positiv beeinflusst werden. Dabei kann es sich um eine gewollte Regulation des Stoffwechsels in der Zelle handeln (Enzymregulation) oder um unerwünschte Auswirkungen von Fremdstoffen (Vergiftung).

- **Kompetitive Hemmung:** Bei einer kompetitiven Hemmung führen **Hemmstoffe (Inhibitoren)** zu einer Blockade des aktiven Zentrums. Die Enzyminhibitoren ähneln dabei dem Substrat, können vom Enzym aber nicht umgesetzt werden. Es kommt zur Konkurrenz um die Besetzung des aktiven Zentrums. Da die Anlagerung kompetitiver Hemmstoffe **reversibel** ist, kann deren Wirkung durch eine Erhöhung der Konzentration des eigentlichen Substrats aufgehoben werden (Hemmstoffe werden verdrängt).
  Die **Michaelis-Konstante** entsprechend gehemmter Reaktionen ist **größer**, da neben Enzym-Substrat- auch Enzym-Hemmstoff-Komplexe gebildet werden.
- **Nicht-kompetitive Hemmung:** Als nicht-kompetitive Hemmung bezeichnet man die Anlagerung von Hemmstoffen an Enzymen an anderen Stellen als dem aktiven Zentrum. Dieser Kontakt führt durch Konformationsänderungen des Enzyms zu einer **Strukturveränderung des aktiven Zentrums** und damit zu dessen Blockade. Die Wirkung des Hemmstoffs kann in diesem Fall nicht durch eine Erhöhung der Substratkonzentration aufgehoben werden.
  Erfolgt die Bindung eines Hemmstoffs **reversibel** am sog. **allosterischen Zentrum**, so spricht man von einer **allosterischen Hemmung**.
  Schwermetalle wie z. B. Blei und Quecksilber können sich **irreversibel** an Enzyme binden und diese durch die Denaturierung der Proteinstruktur dauerhaft unwirksam machen (Enzymgifte).
  Das **Michaelis-Menten-Diagramm** zeigt bei nicht-kompetitiv gehemmten Reaktionen eine **verringerte maximale Reaktionsgeschwindigkeit** bei **gleicher Michaelis-Konstante**.

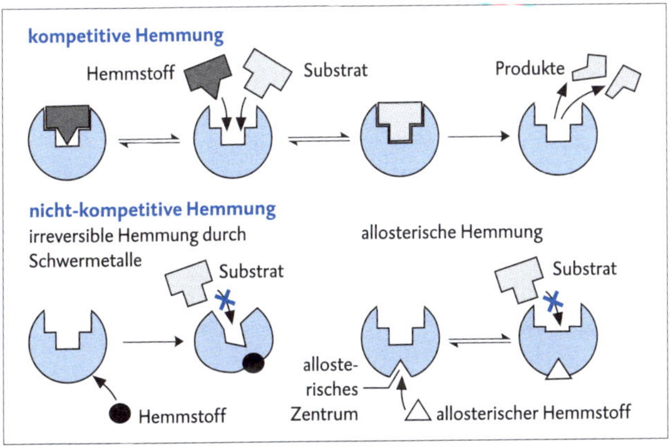

Enzymhemmung

2.3 Stoffwechselformen

Unter dem Begriff **Stoffwechsel (Metabolismus)** werden sämtliche in Lebewesen ablaufenden chemischen Prozesse zusammengefasst. Der gesamte Stoffwechsel und die damit verbundenen Energieumwandlungen lassen sich in zwei Bereiche unterteilen:

- **Assimilation (Anabolismus, aufbauender Stoffwechsel):** Die Assimilation umfasst den Aufbau körpereigener organischer Verbindungen aus körperfremden organischen oder anorganischen Stoffen. Bei der **autotrophen Assimilation** werden die energiereichen organischen Moleküle aus einfachen anorganischen Molekülen wie CO_2 und H_2O aufgebaut. Die Energie für diese extrem endergonischen Reaktionen stammt meist aus der Sonnenenergie (**Fotoautotrophie, Fotosynthese**, siehe S. 30 ff.).
  Bei der **heterotrophen Assimilation** nehmen heterotrophe Organismen von autotrophen Organismen gebildete organische Bausteine auf und strukturieren sie um. Die dafür notwendige Energie kommt aus Dissimilationsvorgängen.
- **Dissimilation (Katabolismus):** Die Dissimilation umfasst die Abbauwege organischer Stoffe zur Energiegewinnung. Dabei unterscheidet man die vollständige oxidative (aerobe) Zerlegung mit ho-

hem Energiegewinn, die **Zellatmung** (siehe S. 41 ff.), von den **Gärungen** (siehe S. 44 f.), bei denen die organischen Endprodukte noch relativ energiereich sind und die zum größten Teil anaerob ablaufen.

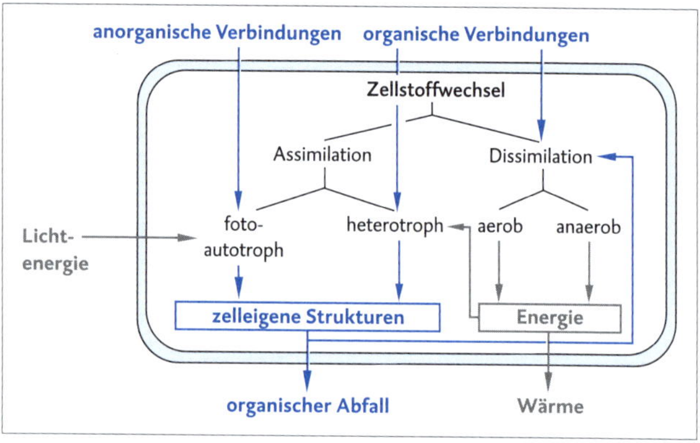

Stoff- und Energiewechsel in einer Zelle

2.4 Fotosynthese

Die **Fotosynthese** der grünen Pflanzen und einiger Bakterienarten stellt die Grundlage des Lebens auf der Erde dar. Das **Primärprodukt Glucose**, das in diesem Prozess aus **Kohlenstoffdioxid (CO_2)** und **Wasser (H_2O)** aufgebaut wird, bildet die „Drehscheibe" im Stoffwechsel aller Lebewesen, und nahezu sämtlicher freier **Sauerstoff** ist als „Abfallprodukt" der Fotosynthese entstanden.
Die **Messung** der **Fotosyntheseleistung** bzw. der **Fotosyntheserate** erfolgt in der Regel **indirekt** über die Ermittlung der **Sauerstoffabgabe**. Da Pflanzen nicht nur Sauerstoff produzieren, sondern im Prozess der Zellatmung (siehe S. 41 ff.) auch wieder verbrauchen, wird die gemessene Sauerstoffbilanz als **Nettofotosynthese** (apparente Fotosynthese) bezeichnet. Um den Wert der **Bruttofotosynthese** (reelle Fotosynthese) zu erhalten, muss der Sauerstoffbedarf der Pflanzen herausgerechnet werden.

Voraussetzungen für die Fotosynthese

- **Wasser und Mineralsalze:** Grundvoraussetzung der Fotosyntheseleistung der grünen Pflanzen ist eine ausreichende Versorgung mit Wasser und Mineralsalzen. Bei höheren Pflanzen werden Wasser und darin gelöste Ionen über die **Wurzelhaare** aufgenommen und diffundieren zunächst in den Interzellularen bis zur innersten Wurzelschicht, der **Endodermis**. Die Zellen der Endodermis regeln aktiv die weitere Aufnahme von Wasser und Ionen und bauen einen nach oben gerichteten **Wurzeldruck** auf.

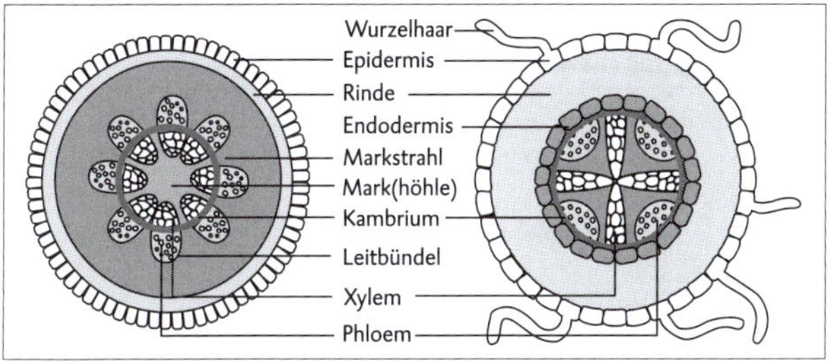

Spross- (links) und Wurzelquerschnitt (rechts)

Der anschließende Transport erfolgt über die **Leitbündel** der Sprossachse. Im **Xylem** (Holzteil) wird Wasser in toten Röhrenzellen (Tracheen und Tracheiden) von den Wurzeln zu den Blättern transportiert. Im **Phloem**-Teil der Leitbündel werden die Produkte der Fotosynthese durch Siebzellen auf alle Pflanzenorgane verteilt.

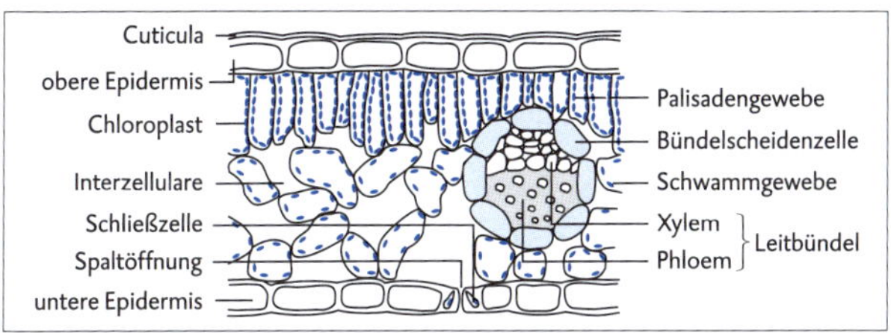

Querschnitt durch ein Laubblatt

Treibende Kraft des aufwärts gerichteten Wasser- und Ionentransports ist neben dem osmotischen Wurzeldruck die **Transpiration**,

d. h. die Wasserverdunstung an den **Spaltöffnungen (Stomata)** der Blätter. Samenpflanzen können die Wasserabgabe durch die Öffnungsweite der Schließzellen in Abhängigkeit von Außentemperatur, Wasser- und CO_2-Angebot regeln.

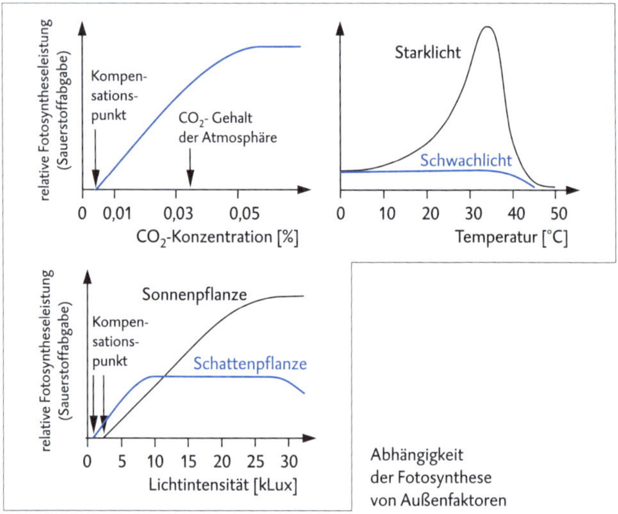

Abhängigkeit der Fotosynthese von Außenfaktoren

- **CO_2:** Durch die Stomata der Blätter wird nicht nur Wasser an die Umgebung abgegeben, sondern auch CO_2 für die Fotosynthese aufgenommen. Die **CO_2-Konzentration der Luft** ist mit ca. 0,03 % geringer als das Optimum für die Fotosynthese (ca. 0,1 %), sodass die Fotosyntheseleistung einer Pflanze durch Erhöhung des CO_2-Gehalts bis zu einem gewissen Punkt gesteigert werden kann.
  Unterhalb einer bestimmten CO_2-Konzentration (ca. 0,005 %) wird von den Pflanzen durch die Zellatmung (siehe S. 41 ff.) mehr Sauerstoff verbraucht, als über die Fotosynthese produziert wird. Der Punkt, an dem die Sauerstoffproduktion den Sauerstoffverbrauch übersteigt, wird als **CO_2-Kompensationspunkt** bezeichnet.
- **Temperatur:** Die Aktivität der Enzyme der Fotosynthese ist, wie die aller Enzyme, **temperaturabhängig**. Innerhalb eines engen Bereiches wirkt sich eine Temperaturerhöhung positiv auf die Fotosynthe-

seleistung aus (sofern ausreichend Licht vorhanden ist). Allerdings steigt auch die Transpirationsrate mit zunehmender Temperatur, sodass sich die Stomata schließen und die Fotosyntheseleistung aufgrund mangelnder CO_2-Zufuhr sinkt.

- **Lichtintensität (Beleuchtungsstärke):** Mit zunehmender Lichtintensität nimmt die Fotosyntheseleistung zu, bis eine Sättigung erreicht ist. Dabei unterscheidet sich vor allem der Lichtbedarf der Sonnen- und Schattenpflanzen (siehe S. 87) erheblich.
  Wie bei der CO_2-Konzentration ist auch hier ein **Kompensationspunkt** zu erkennen.

Fotosynthesepigmente

Die biochemischen Reaktionen der Fotosynthese sind an Enzyme und **Pigmente** (Farbstoffe) gebunden, die bei den Pflanzen in den **Chloroplasten** zu finden sind. Dabei handelt es sich hauptsächlich um:

- **Chlorophyll:** das zentrale Pigment der Fotosynthese; kommt in mehreren Formen wie z. B. Chlorophyll a oder b vor; blaugrüne bis gelbgrüne Färbung.
- **Carotinoide: Carotine** und **Xanthophylle**; gelborange Färbung.

Die gemeinsame Aufgabe der Chlorophylle und Carotinoide bei der Fotosynthese ist die **Absorption von Lichtenergie** im Spektralbereich des sichtbaren Lichts. Die Lichtabsorptionsfähigkeit der einzelnen Pigmente ist unterschiedlich, sie besitzen unterschiedliche **Absorptionsmaxima.** Durch die Lichtenergie werden **Elektronen** der Farbstoffmoleküle angeregt und gehen folglich in einen **höheren Energiezustand (angeregter Zustand)** über.

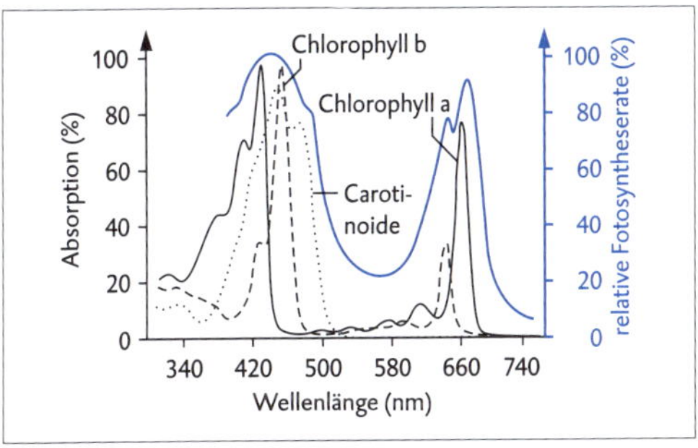

Lichtabsorption verschiedener Pigmente

Nicht absorbierte Wellenlängen werden reflektiert und ergeben dadurch die Eigenfärbung der Pigmente. Da die Chlorophylle eine Absorptionslücke zwischen 500 und 600 nm, also im grünen bis gelben Spektralbereich, aufweisen und mengenmäßig stärker vertreten sind als die Carotinoide, erscheinen die Blätter von Pflanzen meist **grün**.

Ablauf der Fotosynthese

Die Fotosynthese findet in zwei voneinander abhängigen Phasen statt:

- In der **Lichtreaktion** (auch: **Fotoreaktion, Primärreaktion, lichtabhängige Phase, Energieumwandlung**), die an die Fotosynthesepigmente und die Energiezufuhr durch Licht gebunden ist, werden **NADPH + H⁺** als Reduktionsmittel und der universelle Energieüberträger **ATP** erzeugt. **Sauerstoff** ist ein Nebenprodukt der Lichtreaktion und stammt aus dem Wasser.
- In der **Dunkelreaktion** (auch: **Synthesereaktion, Sekundärreaktion, lichtunabhängige Phase, Substanzumwandlung**) wird **Kohlenstoffdioxid** gebunden und zu **Glucose** assimiliert. Dabei werden der in $NADPH + H^+$ gebundene Wasserstoff und die in ATP gespeicherte Energie verbraucht. $NADP^+$ und $ADP + P_i$ sowie Wasser gelangen wieder in die Lichtreaktion.

Vereinfacht lassen sich die Reaktionen der Fotosynthese in folgender Gesamtgleichung zusammenfassen (Bruttogleichung):

$$6\,CO_2 + 12\,H_2O \xrightarrow{\text{Lichtenergie}} C_6H_{12}O_6 + 6\,H_2O + 6\,O_2$$

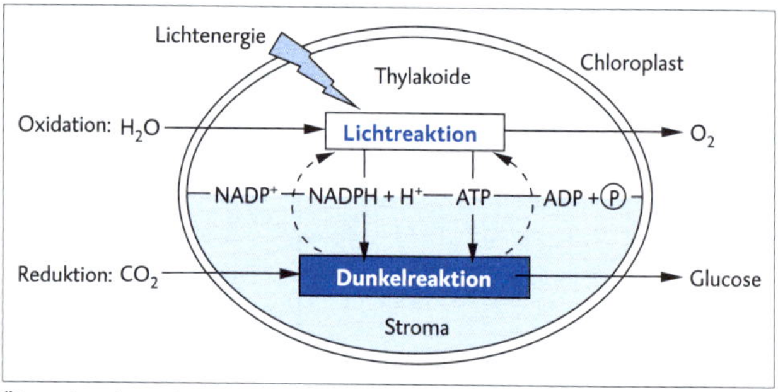

Übersichtsschema der Fotosynthese

Lichtreaktion

In den Grana-Thylakoidmembranen der Chloroplasten sind Chlorophylle und Carotinoide (siehe S. 33) zu sogenannten **Fotosystemen** zusammengeschlossen. Bei diesen lässt sich die **Lichtsammelfalle** (auch: **Antennenkomplex, Lichtsammelkomplex**) aus mehreren Hundert Pigmentmolekülen vom **Reaktionszentrum** unterscheiden, das aus einem proteingebundenen Chlorophyll-a-Molekül besteht. Aufgabe der Lichtsammelfalle ist es, Lichtenergie (Photonen) zu absorbieren und deren Energie zum Reaktionszentrum weiterzuleiten. Dadurch kommt es dort zur Anregung von Elektronen.

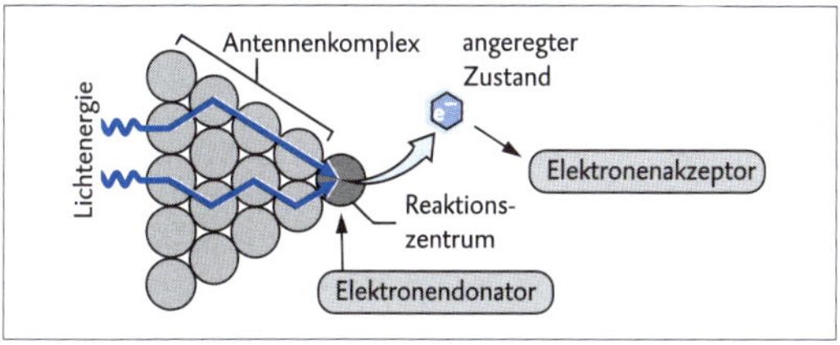

Fotosystem

Die Lichtreaktion findet an zwei Fotosystemen statt, die über eine Kette verschiedener Enzyme miteinander verbunden sind. Alle benötigten Enzyme befinden sich auf und in den **Thylakoidmembranen**.

Die zwei Fotosysteme unterscheiden sich in ihrem Absorptionsmaximum, d. h. in der am besten absorbierten Licht-Wellenlänge:

- **Fotosystem I (P700):** maximale Absorption bei 700 nm.
- **Fotosystem II (P680):** maximale Absorption bei 680 nm.

Die angeregten Elektronen können vom Chlorophyll a auf eine **Kette von Redoxsystemen**, die **Elektronentransportkette**, übertragen werden. Jedes Redoxsystem besteht aus einem **Elektronenakzeptor** (Oxidationsmittel), der durch die Elektronenaufnahme reduziert wird und zum **Elektronendonator** (Reduktionsmittel) wird. Dieser Elektronendonator gibt das erhaltene Elektron wiederum an das nächste Redoxsystem ab, das auf einem geringeren Energieniveau liegt. Der Elektronentransport erfolgt entlang eines Energiegefälles ausgehend von **Fotosystem II** zum **Fotosystem I**. Die „abfallende" Energie wird dabei für die ATP-Synthese (siehe S. 36 f.) verwendet.

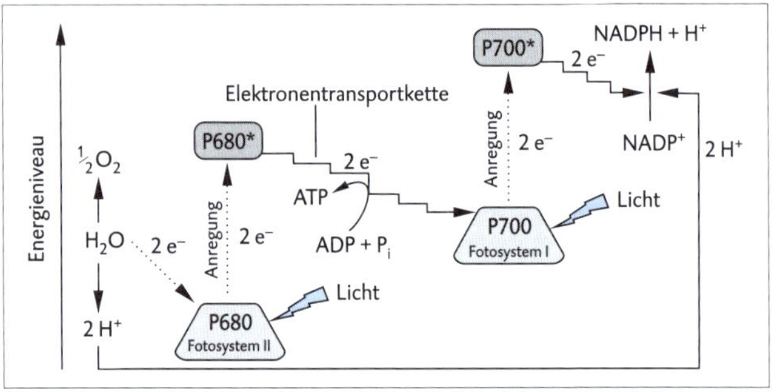

Energieschema der Lichtreaktion

Die energiereichen Elektronen des angeregten **Fotosystems I** (P700*) werden über eine weitere Elektronentransportkette an $NADP^+$ abgegeben. Zur Bildung des reduzierten Coenzyms $NADPH + H^+$ auf der Matrixseite der Thylakoidmembran werden zwei Elektronen und zwei Protonen (aus der Wasserspaltung, siehe unten) benötigt:

$$NADP^+ + 2\,H^+ + 2\,e^- \longrightarrow NADPH + H^+$$

Durch die Abgabe der energiereichen Elektronen entsteht im Fotosystem I eine **Elektronenlücke**. Diese wird über die Elektronentransportkette mit den energiereichen Elektronen des angeregten Fotosystems II aufgefüllt. Die nun im **Fotosystem II** (P680*) fehlenden Elektronen werden im Prozess der **Fotolyse** dem **Wasser** entzogen, das dabei in Sauerstoff und Protonen zerfällt:

$$H_2O \longrightarrow \tfrac{1}{2}\,O_2 + 2\,H^+ + 2\,e^-$$

Die durch das energetische Gefälle innerhalb der Elektronentransportkette zwischen P680 und P700 frei werdende Energie wird von einem der Redoxsysteme, das durch die Thylakoidmembran reicht, dazu genutzt, um Protonen von der Matrixseite in den Membranzwischenraum (Thylakoidlumen) zu pumpen. Da dort auch schon die Protonen aus der Fotolyse des Wassers vorhanden sind und die Membran „protonendicht“ ist, kommt es zu einem großen **H^+-Konzentrationsunterschied (Protonengradient)** zwischen den Membranseiten. Dabei liegen sowohl ein H^+-Konzentrationsgefälle **(chemisches Potenzial)** als auch ein Ladungsgefälle **(elektrisches Potenzial)** durch die positive Ladung der H^+-Ionen vor.

Die in diesen Potenzialen gespeicherte Energie, die sog. **protonenmotorische Kraft**, wird zur ATP-Bildung genutzt: Der Konzentrationsausgleich der Protonen kann nur durch spezielle Transmembranproteine, die **ATP-Synthasen**, erfolgen. Die protonenmotorische Kraft treibt also die lichtabhängige ATP-Synthese **(Fotophosphorylierung)** aus ADP und P_i an **(chemiosmotische Theorie der ATP-Bildung)**.

$$ADP + P_i \longrightarrow ATP$$

Neben dem oben beschriebenen linearen (nicht-zyklischen) Elektronentransport von der Fotolyse des Wassers über P680 und P700 gibt es auch noch die Möglichkeit eines **zyklischen Elektronentransports**. Dabei werden die angeregten Elektronen des Fotosystems I nicht zur NADPH + H^+-Bildung verwendet, sondern auf eines der Redoxsysteme der Elektronentransportkette zwischen P680 und P700 übertragen. Dieser zyklische Transport erfolgt, wenn z. B. bei CO_2-Mangel ein „NADPH + H^+-Stau" auftritt, ATP aber weiterhin benötigt wird.

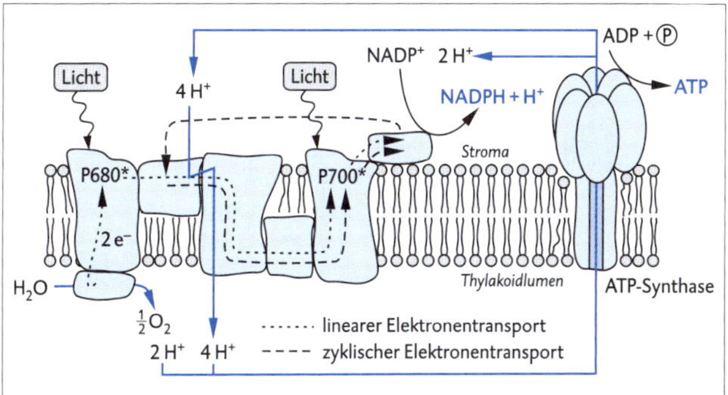

Bildung von NADPH + H^+ und ATP

Bruttogleichung der Lichtreaktion:

$$12\,H_2O + 12\,NADP^+ + 18\,ADP + 18\,P_i \longrightarrow 6\,O_2 + 12\,NADPH/H^+ + 18\,ATP$$

Dunkelreaktion

An die Lichtreaktion schließt sich unmittelbar die im Stroma der Chloroplasten ablaufende **lichtunabhängige Phase** der Fotosynthese an. Nach ihrem Entdecker CALVIN werden die in einem Kreisprozess ablaufenden Reaktionen als **CALVIN-Zyklus** bezeichnet. Der Zyklus lässt sich in drei Phasen unterteilen: Fixierungsphase, Reduktionsphase und Regenerationsphase.

- **Fixierungsphase:** Kohlenstoffdioxid wird zunächst an das CO_2-Akzeptor-Molekül Ribulose-1,5-bisphosphat (RubP), ein Monosaccharid mit fünf Kohlenstoffatomen (C5-Körper), gebunden. Der entstehende C6-Körper ist instabil und zerfällt sofort in zwei Moleküle 3-Phosphoglycerinsäure (PGS; C3-Körper; auch: Glycerinsäure-3-phosphat).
- **Reduktionsphase:** 3-Phosphoglycerinsäure wird anschließend unter Verbrauch des NADPH + H^+ und ATP aus der Lichtreaktion zu 3-Phosphoglycerinaldehyd (PGA; C3-Körper; auch: Glycerinaldehyd-3-phosphat) reduziert. Zwei dieser C3-Körper können nun in **Glucose** (C6-Körper) umgewandelt werden.
- **Regenerationsphase:** 5 von 6 PGA-Molekülen werden anschließend über verschiedene Zwischenstufen und unter ATP-Verbrauch wieder zum CO_2-Akzeptor RubP umgewandelt und stehen damit wieder zur Kohlenstoffdioxidfixierung zur Verfügung.

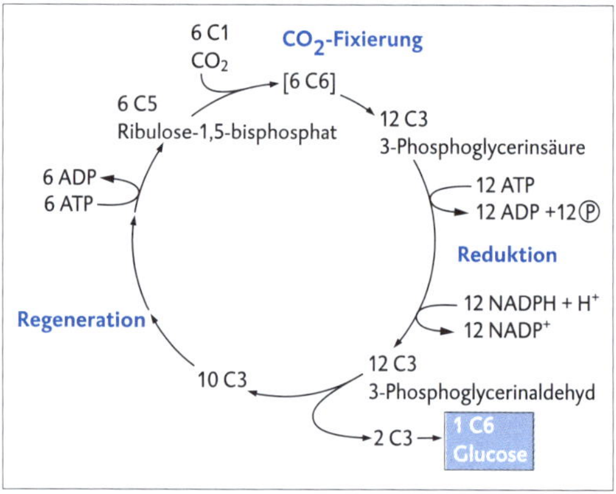

Schema des CALVIN-Zyklus

Bruttogleichung der Dunkelreaktion:

$$6CO_2 + 12NADPH/H^+ + 18ATP \rightarrow C_6H_{12}O_6 + 12NADP^+ + 18ADP + 18P_i + 6H_2O$$

Verschiedene Möglichkeiten der CO_2-Fixierung

- Bei den **C_3-Pflanzen** (90 % aller Pflanzen) wird CO_2 aus der Luft (bzw. das im Zellsaft gelöste Gas) wie oben beschrieben direkt bei der 1. Reaktion des CALVIN-Zyklus fixiert. Der Name „C3-Pflanzen" leitet sich vom ersten stabilen Produkt, dem C3-Körper 3-Phosphoglycerinsäure, ab.
- Bei **C_4-Pflanzen** sind CO_2-Fixierung und CALVIN-Zyklus dagegen räumlich getrennt. CO_2 wird zunächst in den Zellen des Palisaden- und Schwammgewebes an Phosphoenolpyruvat (PEP) angelagert; das erste stabile Produkt ist Oxalacetat, ein C4-Körper. Aus diesem kann das CO_2 wieder freigesetzt und wie bei den C_3-Pflanzen im CALVIN-Zyklus verarbeitet werden.
  Der Vorteil hierbei besteht in der größeren Effektivität der CO_2-Fixierungsreaktion, sodass selbst bei geschlossenen Spaltöffnungen noch ausreichend CO_2 gebunden werden kann. Man findet diese Form der CO_2-Fixierung daher bei besonders trockenheitsresistenten Pflanzen (ca. 2 % aller Pflanzen) wie z. B. beim Mais.
- Den **C**rassulaceae-**A**cid-**M**etabolism findet man bei etwa 8 % der Pflanzen, z. B. bei Sukkulenten. Bei diesen ebenfalls besonders trockenheitsresistenten **CAM-Pflanzen** wird nachts bei geöffneten Spaltöffnungen CO_2 als Malat gebunden, in der Vakuole gespeichert und tagsüber in derselben Zelle dem CALVIN-Zyklus bei geschlossenen Spaltöffnungen zur Verfügung gestellt. Fixierung und CALVIN-Zyklus sind hier wegen der hohen Temperaturen im Lebensraum dieser Pflanzen zeitlich getrennt.

Bedeutung der Glucose für die Pflanze

Die aus der Fotosynthese erhaltene Glucose kann:

- als **Grundlage für Baustoffe** der Pflanze wie Kohlenhydrate (z. B. Cellulose), Fette und Proteine dienen.
- unter **Energiegewinnung** abgebaut werden.
- in Form von **Stärke** als **Reservestoff** gespeichert werden.
- als Grundlage für **Farb- und Giftstoffe** dienen.

Experimente zur Aufklärung der Fotosynthese

- **HILL-Reaktion:** HILL isolierte für seine Experimente Chloroplasten aus Pflanzenzellen, stellte einen künstlichen Elektronenakzeptor zur Verfügung (HILL-Reagenz) und hielt die Zellen unter CO_2-Ausschluss. Im Ergebnis kam es zu einer Sauerstoffproduktion.

Daraus folgerte HILL, dass:

- der bei der Fotosynthese entstehende Sauerstoff nicht aus CO_2, sondern aus Wasser stammt (HILL-Reagenz spaltet Wasser).
- die Sauerstoffbildung auch ohne die CO_2-Reduktion stattfinden kann und die Fotosynthese somit aus zwei Teilprozessen besteht.
- im Prozess der Fotosynthese Lichtenergie in chemische Energie umgewandelt wird.

- **Isotopen-Markierungsexperimente von KAMEN und RUBEN:** Zur Aufklärung der Frage, woher der bei der Fotosynthese gebildete Sauerstoff stammt, verwendeten die beiden Forscher mit dem schweren Sauerstoffisotop ^{18}O (normales Isotop ^{16}O) markiertes Wasser bzw. Kohlenstoffdioxid. Bei der Verwendung von markiertem CO_2 war der Marker anschließend in der Glucose und im Wasser nachweisbar. Bei der Verwendung von markiertem Wasser war das Isotop im Sauerstoff zu finden.
  Daraus folgerten KAMEN und RUBEN, dass der im Verlauf der Fotosynthese produzierte Sauerstoff nicht aus dem Kohlenstoffdioxid, sondern aus dem Wasser stammt.
- **Isotopen-Markierungsexperimente von CALVIN:** Algen wurde für unterschiedlich lange Zeiträume CO_2 mit dem radioaktiven Sauerstoffisotop ^{14}C zur Verfügung gestellt. Danach wurden sie sofort abgetötet. Wurde der Zeitraum sehr kurz gewählt, war der radioaktive Marker nur in dem Molekül 3-Phosphoglycerinsäure (PGS) nachweisbar.
  CALVIN schloss daraus, dass es sich bei dem ersten stabilen Produkt der Dunkelreaktion um PGS handeln muss.
- **Experimente zum Akzeptormolekül von CALVIN:** Die Untersuchung von unter optimalen Bedingungen gehaltenen Algen führte zu dem Ergebnis, dass diese relativ geringe Mengen an RubP und relativ große Mengen an PGS enthielten. Wurde den Algen anschließend CO_2 vorenthalten, kehrten sich die Verhältnisse um.
  Daraus folgerte CALVIN, dass RubP das Akzeptormolekül für CO_2 ist, da ohne CO_2 kein neues PGS mehr gebildet werden konnte, RubP sich anreicherte (nicht mehr durch CO_2-Fixierung verbraucht) und das noch vorhandene PGS im Zyklus weiter umgesetzt wurde.

2.5 Zellatmung

Alle zu veratmenden Substrate (Kohlenhydrate, Fette und Eiweiße) müssen zunächst durch Verdauungsprozesse stufenweise in **Glucose** oder eines ihrer in der Zellatmung vorkommenden Spaltprodukte ab- und umgebaut werden.
Voraussetzung für die Zellatmung ist das Vorhandensein von Sauerstoff. Unter solchen **aeroben Bedingungen** kann die Glucose vollständig zu CO_2 und Wasser abgebaut (oxidiert) werden.

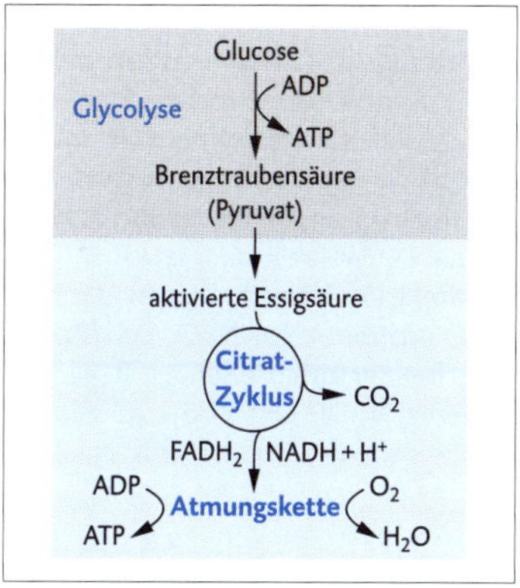

Übersichtsschema zur Zellatmung

Ablauf der Zellatmung
Die Atmung eukaryotischer Zellen läuft in drei aufeinanderfolgenden Phasen ab, der **Glycolyse**, dem **Citrat-Zyklus** und der **Atmungskette (Endoxidation)**, und ist formell die stoffliche Umkehrung der Fotosynthese:

$$C_6H_{12}O_6 + 6\,O_2 + 6\,H_2O \longrightarrow 6\,CO_2 + 12\,H_2O$$

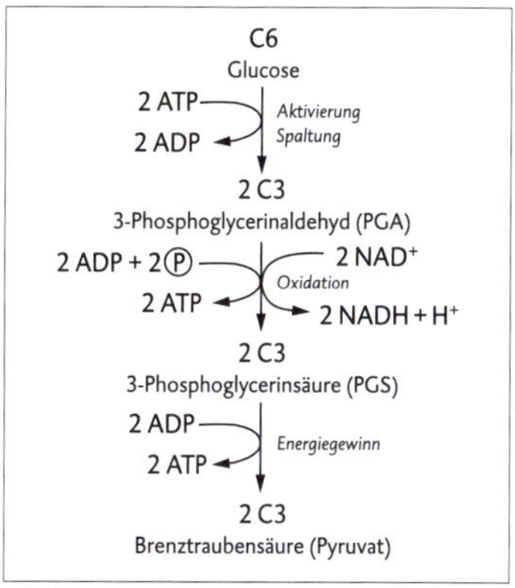

Ablaufschema der Glycolyse

Glycolyse
Bei der **Glycolyse**, die im Zytoplasma jeder Zelle ohne Sauerstoffverbrauch abläuft, wird der C6-Körper Glucose aktiviert und gespalten. Dabei entstehen pro Molekül Glucose zwei Moleküle **Brenztraubensäure** (**Pyruvat**; C3-Körper; $C_3H_4O_3$) sowie 2 Moleküle ATP und $NADH + H^+$.

Bruttogleichung der Glykolyse:

$$C_6H_{12}O_6 + 2\,NAD^+ + 2\,ADP + 2\,P_i \longrightarrow 2\,C_3H_4O_3 + 2\,NADH/H^+ + 2\,ATP$$

Citrat-Zyklus (Zitronensäurezyklus)
In der Matrix der Mitochondrien wird aus der Brenztraubensäure ein CO_2-Molekül abgespalten. Der entstandene C2-Körper wird an einen Akzeptor gebunden in den **Citrat-Zyklus** (ebenfalls in der Mitochondrienmatrix) eingeschleust und es kommt zur Abspaltung von zwei weiteren CO_2-Molekülen.
Die drei CO_2-Abspaltungen sind mit Oxidationen gekoppelt, bei denen das Oxidationsmittel NAD^+ zum Reduktionsmittel $NADH + H^+$ reduziert wird. Bei der anschließenden Regeneration des Akzeptormoleküls wird weiteres $NADH + H^+$ und zusätzlich auch noch das Reduktionsmittel $FADH_2$ gebildet. Im Citrat-Zyklus entsteht auch ein Molekül ATP.

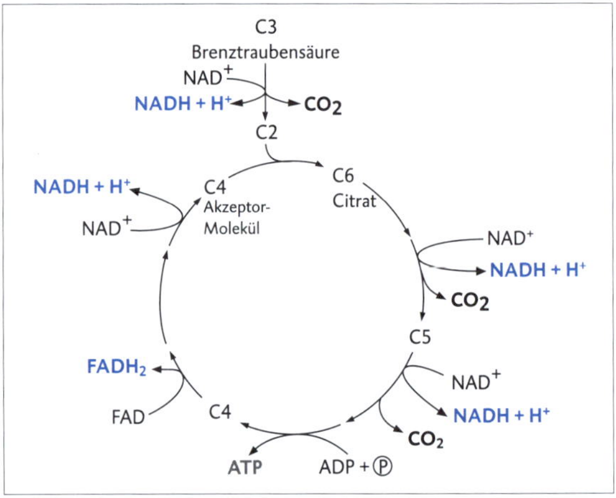

Citrat-Zyklus

Im Citrat-Zyklus werden beim Abbau von 2 Molekülen Brenztraubensäure (entstehen aus einem Molekül Glucose) also $6\,CO_2$, 2 ATP, $8\,NADH + H^+$ und $2\,FADH_2$ produziert.

Endoxidation (Atmungskette)

In der letzten Phase der Zellatmung werden die Reduktionsmittel NADH+H^+ und $FADH_2$ mithilfe von Sauerstoff oxidiert. Dabei entsteht Wasser. Die dabei freiwerdende Energie wird in Form von ATP gespeichert.

Wie bei der lichtabhängigen Reaktion wird auch in diesem Fall zur ATP-Produktion ein **Protonen-Konzentrationsgefälle** (**Protonengradient**; chemisches und elektrisches Potenzial) aufgebaut, hier zwischen dem Intermembranraum und der Matrix. Die **Redoxsysteme** der **Atmungskette**, die in der inneren Mitochondrienmembran sitzen, transportieren die Elektronen von NADH+H^+ und $FADH_2$ mit entlang der Kette abnehmender Energie **(Elektronentransportkette)**. Mithilfe der frei werdenden Energie werden Protonen in den Membranzwischenraum gepumpt.

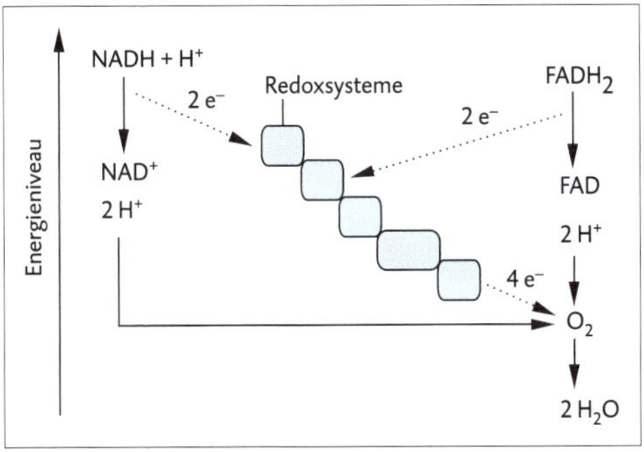

Energieschema der Endoxidation

Die im Membranzwischenraum angereicherten H^+-Ionen gelangen durch ATP-Synthasen in die Matrix zurück, die die Energie der einströmenden Protonen zur ATP-Synthese nutzt **(oxidative Phosphorylierung; chemiosmotische Theorie der Atmungskettenphosphorylierung)**. Die Elektronen werden vom letzten Redoxsystem der Kette schließlich auf Sauerstoff übertragen, der so reduziert wird und mit den Protonen zu Wasser reagiert.

Die Oxidationsmittel NAD^+ und FAD stehen wieder für die Glycolyse und den Citrat-Zyklus zur Verfügung.

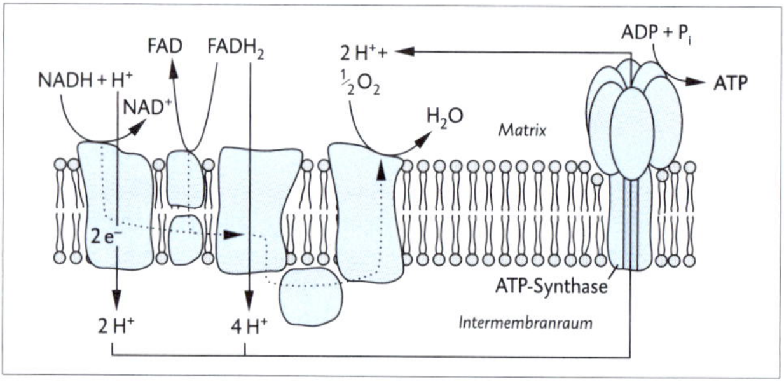

Atmungskette

Insgesamt wird im Prozess der Zellatmung biologisch verwertbare Energie in Form von **38 ATP** (entspricht etwa 1140 kJ) pro Molekül Glucose gewonnen (34 davon bei der Endoxidation), das entspricht einem Wirkungsgrad von ca. 40 % (vollständige Verbrennung der Glucose liefert 2870 kJ). Die restlichen 60% der frei werdenden Energie fallen als Wärme an und sind für den Organismus nur zur Erhöhung der Körpertemperatur nutzbar.

Bruttogleichung der Zellatmung:

$$C_6H_{12}O_6 + 6\,O_2 + 6\,H_2O + 38\,ADP + 38\,P_i \longrightarrow 6\,CO_2 + 12\,H_2O + 38\,ATP$$

2.6 Gärungen

Gärungsprozesse kommen hauptsächlich bei Prokaryoten, unter Sauerstoffmangelbedingungen aber auch bei manchen eukaryotischen Zellen vor (z. B. Hefen, Muskelzellen des Menschen).
Am Anfang der Gärung steht wie bei der Zellatmung die **Glycolyse**. Da jedoch kein Sauerstoff vorhanden ist, um das NAD^+ als Oxidationsmittel für die Umwandlung des PGA in PGS zurückzugewinnen, damit die Glycolyse weiterlaufen kann (erfolgt bei der Zellatmung im Schritt der Endoxidation), muss die Rückgewinnung auf anderem Wege erfolgen. Dies geschieht über die Reduktion der Brenztraubensäure mithilfe des Reduktionsmittels $NADH + H^+$, bei der das NAD^+ entsteht.
Die Glycolyse kann damit zwar weiterlaufen, es wird aber kein weiteres ATP gebildet. Die Endprodukte der Gärungsprozesse sind anders als die der Zellatmung noch sehr energiereich, wodurch die Energieausbeute

relativ gering ist. Pro Glucosemolekül werden bei der Gärung (im Zuge der Glycolyse) nur **2 ATP** gewonnen. Das entspricht einem Wirkungsgrad von nur etwa 2 %.

Milchsäuregärung

Milchsäurebakterien regenerieren das NAD^+ durch die Reduktion der Brenztraubensäure zu **Milchsäure** ($C_3H_6O_3$), die auch schon das Endprodukt der Milchsäuregärung darstellt. Durch die Produktion der Milchsäure kommt den Bakterien eine große Bedeutung bei der **Konservierung von Lebensmitteln** zu (Käse, Sauerkraut, Sauerteig etc.). Der oben beschriebene Vorgang läuft auch in der **Muskulatur** bei Sauerstoffmangel ab. Dadurch kann dem Muskel zumindest etwas Energie zur Verfügung gestellt werden (60 statt 1140 kJ/Glucosemolekül). Das entstehende Lactat reichert sich in der Muskulatur an. Sobald wieder Sauerstoff zur Verfügung steht, kann die Milchsäure in den Muskelzellen wieder zu Brenztraubensäure oxidiert und im Citrat-Zyklus und in der Endoxidation vollständig abgebaut werden.

Summengleichung der Milchsäuregärung (einschl. Glycolyse):

$$C_6H_{12}O_6 + 2\,ADP + 2\,P_i \longrightarrow 2\,C_3H_6O_3 + 2\,ATP$$

Alkoholische Gärung

Verschiedene einzellige Hefepilze können unter anaeroben Bedingungen von der Zellatmung auf die alkoholische Gärung „umschalten" **(Pasteur-Effekt)**. Dabei entstehen durch Decarboxylierung und Reduktion mit $NADH + H^+$ die Endprodukte CO_2 und Ethanol (C_2H_5OH). Die alkoholische Gärung hat große Bedeutung für die Alkoholproduktion und für die Backwarenherstellung (CO_2 lässt Teig aufgehen).

Summengleichung der alkoholischen Gärung (einschl. Glycolyse):

$$C_6H_{12}O_6 + 2\,ADP + 2\,P_i \longrightarrow 2\,C_2H_5OH + 2\,CO_2 + 2\,ATP$$

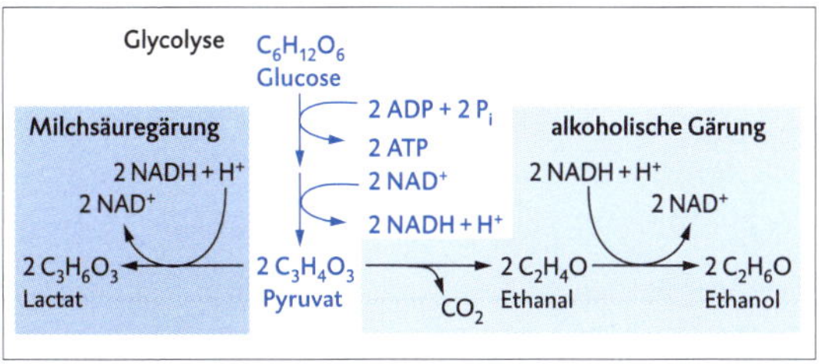

Gärungsformen

Nerven, Sinne und Hormone

3 Nerven und Nervensysteme

Die Weiterleitung von Informationen aus der Umwelt und aus dem Organismus selbst in Form von **elektrischer Erregung**, ihre Verarbeitung und Speicherung ist bei Tier und Mensch an Nervenstrukturen gebunden. Diese bestehen aus spezialisierten Zellen, den **Nervenzellen (Neuronen)**, und sind in einem mehr oder weniger komplexen Nervensystem organisiert.

3.1 Nervenzellen (Neuronen)

Grundbauplan der Nervenzelle

Trotz teilweise starker Unterschiede hinsichtlich Größe, Zellkörperanordnung, Verzweigung etc. verfügen alle Nervenzellen über einen gemeinsamen Grundbauplan.

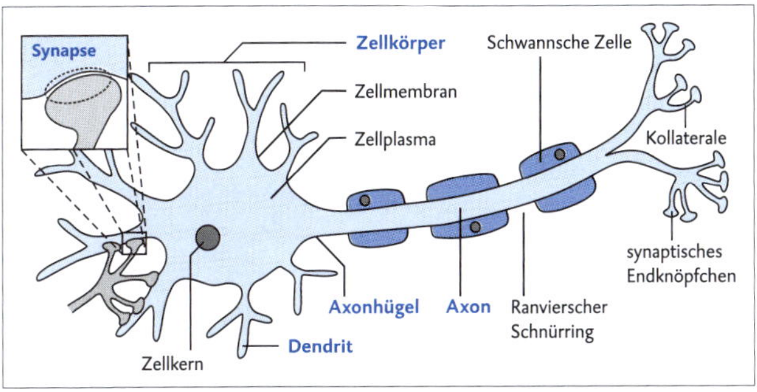

Aufbau eines Wirbeltierneurons

Jedes Neuron besitzt einen **Zellkörper** (Soma, Perikaryon), der fast alle strukturellen Bestandteile einer „normalen" Zelle wie Zytoplasma, Zellkern, Mitochondrien usw. enthält. Da Zentriolen fehlen, ist die Nervenzelle nach der Embryonalentwicklung **nicht mehr teilungsfähig**. Der Zellkörper weist Verzweigungen auf. Die meist kürzeren Fortsätze, die Erregungen als elektrische Impulse zum Soma hinleiten, heißen **Dendriten**. Das **Axon** (auch: **Neurit**) ist ein Fortsatz, der oft aus einem leicht verdickten Anfangsbereich, dem **Axonhügel**, entspringt, und der Erregungen vom Soma weiterleitet. Am Ende der Axonverzweigungen **(Kollaterale)** befinden sich **synaptische Endknöpfchen**, an denen die Erregungen mithilfe von chemischen Botenstoffen, den Transmittern, auf andere Nerven- oder Muskelzellen übertragen werden (**Synapse**; siehe S. 54 ff.).

Myelinisierte vs. nicht-myelinisierte Nervenfasern
Sogenannte Gliazellen umgeben das Axon, um es zu schützen, zu stützen, mit Nährstoffen und Sauerstoff zu versorgen und gegen die Umgebung zu isolieren. Eine spezielle Form der Gliazellen, die außerhalb von Gehirn und Rückenmark vorkommt, sind die **SCHWANNschen Zellen**. Das Axon mitsamt der es wie ein Schlauch umgebenden Schwannschen Zellen wird als **Nervenfaser** bezeichnet. Dabei lassen sich zwei Typen von Nervenfasern unterscheiden:

- **Markhaltige (myelinisierte) Nervenfasern:** Die meisten Wirbeltieraxone sind markhaltige Axone, das bedeutet, sie sind von einer **Myelinscheide** (auch: **Markscheide, SCHWANNsche Scheide**) umhüllt, die aus der übereinandergewickelten Zellmembran der SCHWANNschen Zellen besteht. Durch das Myelin wird das Axon sehr effektiv isoliert.
  Zwischen den einzelnen SCHWANNschen Zellen liegen kurze Axonbereiche frci, die als **RANVIERsche Schnürringe** bezeichnet werden. Hier ist das Axon folglich nicht isoliert.

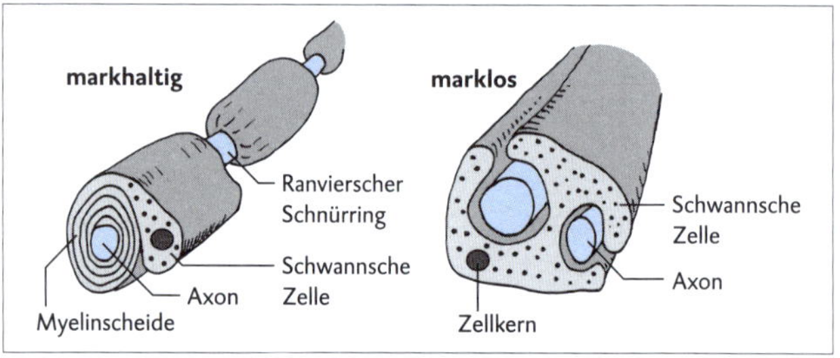

Nervenfasertypen

- **Marklose (nicht-myelinisierte) Nervenfasern:** Die Axone von Wirbellosen, aber auch die Axone in Teilen des Nervensystems der Wirbeltiere (vegetatives Nervensystem, siehe S. 66 f.) können zwar auch von SCHWANNschen Zellen umgeben sein, sind aber nicht wie oben beschrieben umwickelt und weisen auch keine Schnürringe auf. Sie besitzen meist einen größeren Durchmesser.

3.2 Erregungsleitung am Axon

Als **Erregung** wird jede Änderung des Membranpotenzials an einer Nervenzelle bezeichnet. Das Membranpotenzial ist die elektrische Spannung, die durch die ungleiche Verteilung verschiedener Ionen (Ladungsträger) und damit elektrischer Ladungen innerhalb und außerhalb der Zelle entsteht. Man spricht von einer **Potenzialdifferenz (Ladungsdifferenz)** und vom **Membranpotenzial**.

Ruhepotenzial

Vergleicht man mithilfe von Mikroelektroden die elektrische Ladung des Zellplasmas mit der des extrazellulären Milieus, so ist bei den meisten Zellen das Zellinnere negativ geladen. Nicht erregte Nervenzellen weisen eine Potenzialdifferenz von durchschnittlich etwa –70 mV zum extraplasmatischen Raum auf. Diese Potenzialdifferenz wird als **Ruhepotenzial (RP)** bezeichnet.
Die Ursache des in einem **dynamischen Gleichgewicht** befindlichen RPs liegt in der selektiven Permeabilität der Biomembran aufgrund der unterschiedlichen Beweglichkeit und des selektiven Transports von Ionen von einer Seite der Membran auf die andere begründet. Daraus ergibt sich eine **unterschiedlichen Verteilung der Ionen** auf beiden Membranseiten:

Ion	Konzentration im Zytoplasma (mmol/L)	Konzentration im Extrazellularraum (mmol/L)
Na^+	12	145
K^+	155	4
andere Kationen	0	5
A^-	155	0
Cl^-	4	120

Im Zellinneren befinden sich große Mengen an Kalium-Kationen (K^+; positiv geladen) und an organischen Anionen (A^-; negativ geladene Aminosäuren/Proteine), während außerhalb der Zelle Natrium-Kationen (Na^+) und Chlorid-Anionen (Cl^-) dominieren.

Im unerregten (Ruhe-)Zustand liegen in der Membran eines Axons viele ständig geöffnete Kaliumionenkanäle und geschlossene Natrium- und Chloridionenkanäle vor. Für organische Anionen ist die Zellmembran gar nicht durchlässig. Obwohl für alle Ionen ein **Konzentrationsgefälle** besteht, können sich daher nur die Kaliumionen durch die Membran bewegen. Aus der Zelle strömen so lange Kaliumionen dem Konzentrationsgefälle folgend aus, bis die zunehmende positive Ladung außen und die gleichermaßen zunehmende negative Ladung innen dies nicht weiter zulassen. Dem Bestreben nach **Konzentrationsausgleich** wirkt also das Bestreben nach **Ladungsausgleich** entgegen. Folglich stellt sich ein **Gleichgewicht** ein, das bei einer Potenzialdifferenz von etwa –70 mV liegt, und bei dem der Kaliumionenausstrom genauso groß ist wie der -einstrom. Das Ruhepotenzial entspricht weitgehend diesem Kalium-Gleichgewichtspotenzial.
Da Biomembranen aber nie vollständig „ionendicht" sein können, findet immer auch eine langsame Diffusion der übrigen Ionen statt. Vor allem der **Natriumionen-Leckstrom** vom Zelläußeren ins Zellinnere ist relevant. Die Ladungen auf beiden Seiten der Membran würden sich dadurch mit der Zeit angleichen und das Ruhepotenzial würde sinken. Um das Ruhepotenzial trotzdem aufrechtzuerhalten, pumpt die **Natrium-Kalium-Pumpe** unter Verbrauch von ATP-Energie jeweils entgegen ihrem Konzentrationsgefälle gleichzeitig drei Natriumionen nach außen und zwei Kaliumionen nach innen.

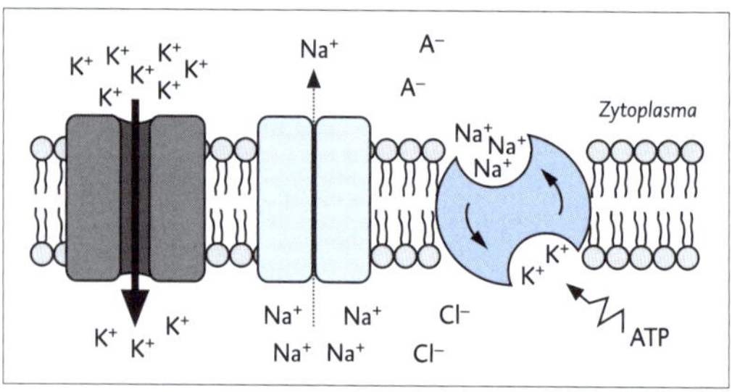

Ionenströme im Ruhezustand und die Natrium-Kalium-Pumpe

Aktionspotenzial

Die Informationsübermittlung über Neuronen erfolgt durch zeitlich und räumlich begrenzte Umkehrungen der Polarität ihrer Membran. Diese als **Aktionspotenziale (AP)** bezeichneten und immer gleich ablaufenden **Erregungswellen** lassen sich in folgende Phasen einteilen:

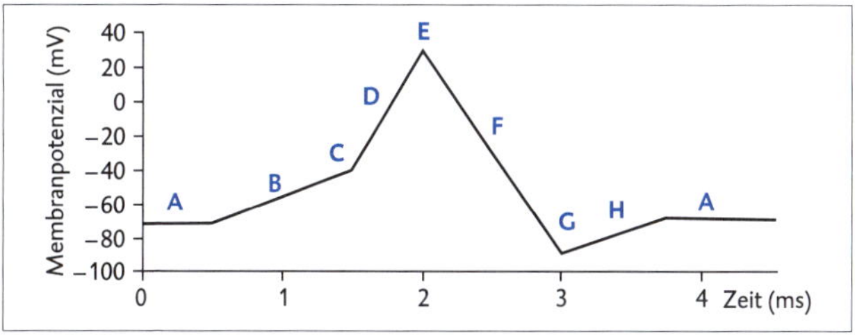

A Erhaltung des **Ruhepotenzials** durch die Natrium-Kalium-Pumpe.

B Spannungsabhängige Natriumkanäle werden durch einen **Reiz** geöffnet. Dadurch strömen Na^+-Ionen in die Zelle und **depolarisieren** („entladen") so die Membran bis zu einem bestimmten **Schwellenwert** (Membranpotenzial wird positiver).

C Nach Überschreiten des Schwellenwerts (bei einem **überschwelligen Reiz**) wird ein AP ausgelöst. Wird der Schwellenwert nicht erreicht (unterschwelliger Reiz), fällt das Membranpotenzial wieder auf den Ruhewert zurück.

Alles-oder-Nichts-Gesetz: Ein Aktionspotenzial wird entweder vollständig ausgelöst oder gar nicht.

D Durch positive Rückkopplung – je stärker die Depolarisation, desto mehr Natriumkanäle werden geöffnet, was das Membranpotenzial wiederum weiter anhebt usw. – erfolgt ein massenhaftes Einströmen von Na^+-Ionen in die Zelle, das schließlich zur **Ladungsumkehr** (Umpolung) führt (Depolarisation auf ca. + 30 mV).

E Die Amplitude des AP ist bei baugleichen Zellen unabhängig von der Erregungsstärke immer gleich groß (Alles-oder-Nichts-Gesetz).

F Die spannungsgesteuerten Natriumkanäle schließen sich und dafür öffnen sich ebenfalls spannungsgesteuerte Kaliumkanäle. Die dadurch massenhaft ausströmenden K^+-Ionen heben schnell die negative Außenladung auf, sodass das Membranpotenzial wieder umgekehrt wird **(Repolarisation)**.

G Da sich die spannungsabhängigen Kaliumkanäle erst mit leichter Verzögerung wieder schließen, gelangen mehr K^+-Ionen aus der Zelle heraus, als zur Ladungsumkehr nötig wären. Das führt zu einer vorübergehenden **Hyperpolarisation**.

H Die **Natrium-Kalium-Pumpe** stellt anschließend die Verhältnisse des Ruhepotenzials wieder her.

Richtung der Erregungsleitung

Die Weiterleitung von Erregung an einem Axon erfolgt elektrisch durch eine gerichtete Abfolge von Aktionspotenzialen. Während der Repolarisations- und Hyperpolarisationsphase sind die spannungsabhängigen Natriumkanäle des zuvor erregten Membranbereichs noch inaktiviert. Daher kann an dieser Stelle nicht sofort ein weiteres AP ausgelöst werden. Durch diese **Refraktärzeit** kann die Erregung der Membran **nur in eine Richtung** entlang des Axons weitergegeben werden. Die Erregungswelle läuft also im Normalfall vom Axonhügel in Richtung der Synapsen.

Signalkodierung

Beim Überschreiten des Schwellenwerts entstehen nach dem **Alles-oder-Nichts-Gesetz** APs mit **konstanter Amplitudenhöhe**. Der Vorteil davon ist, dass die APs auf diese Weise verlustfrei über größere Strecken transportiert werden können. Da die Ausschläge der APs immer gleich groß sind, ist es jedoch nicht möglich, Informationen über die Art und die Stärke eines Reizes anhand der Höhe der Amplituden zu kodieren.

- **Kodierung der Reizqualität:** Die Art des Reizes wird unterscheidbar durch die **verschiedenen Nervenbahnen** der Sinnesrezeptoren, die als „Eingangskanäle" Signale an das Zentralnervensystem (siehe S. 61 ff.) weitergeben. Als Rezeptoren dienen meist umgewandelte Neuronen, die Reize aufnehmen und die Reizinformation als Erregung weitergeben können (siehe S. 69 ff.).
- **Kodierung der Reizstärke:** Die Kodierung der Reizstärke erfolgt **frequenzmoduliert** durch die Häufigkeit der Impulse, d. h., je nach Reizstärke werden unterschiedlich viele APs pro Zeit übertragen.

Arten der Erregungsleitung am Axon

- **kontinuierliche Erregungsleitung:** Bei den **marklosen Axonen** erfolgt die Erregungsleitung kontinuierlich entlang des Axons durch die Ausbreitung der Depolarisation des Aktionspotenzials auf die je-

weils benachbarten, entgegengesetzt gepolten Gebiete. Dadurch öffnen sich an den noch unerregten benachbarten Membranstellen Natriumionenkanäle, wodurch ein neues Aktionspotenzial entsteht.
Diese bei einer Erregungswelle auftretenden Bewegungen elektrischer Ladungen werden **lokale Ströme (Kreisströme)** genannt.
Die Leitungsgeschwindigkeit an marklosen Axonen ist relativ gering, da hier zur Erregungsfortleitung jeder Bereich entlang der Axonmembran angeregt werden muss. Aufgrund der Tatsache, dass die Ausbreitung der lokalen Ströme vom Innenwiderstand des Axons abhängt und dieser wiederum durch den Durchmesser bestimmt wird, besitzen hoch entwickelte Wirbellose wie Tintenfische sog. **Riesenaxone** mit einem Durchmesser von bis zu 1 mm. Dadurch kann die Leitungsgeschwindigkeit auf bis zu 20 m/s gesteigert werden.

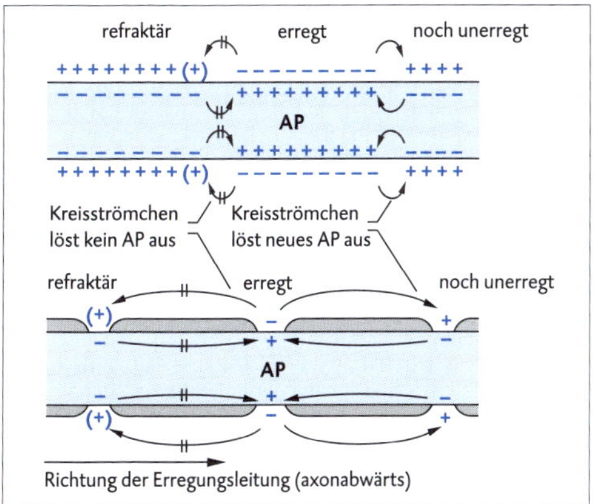

Kontinuierliche (oben) und saltatorische (unten) Erregungsleitung

- **Saltatorische Erregungsleitung:** Die **myelinisierten Axone** der Wirbeltiere erreichen mit der saltatorischen Erregungsleitung bei einem Axondurchmesser von maximal 20 µm eine Geschwindigkeit von bis zu 100 m/s. Bei dieser Form der Erregungsleitung „springt" das AP über die Myelinscheiden zum nächsten RANVIERschen Schnürring. Aufgrund der guten Isolationswirkung des Myelins pflanzen sich die **lokalen Ströme (Kreisströme)** im Axon also über und unter der Myelinscheide fort. Depolarisierbar sind jeweils nur die freiliegenden Axonabschnitte im Bereich der Schnürringe.

Neben der **höheren Geschwindigkeit** arbeitet dieses System auch sehr **effizient**, da nur im Bereich der RANVIERschen Schnürringe Energie für Ionenpumpen benötigt wird und nicht, wie bei marklosen Axonen, auf der gesamten Axon-Oberfläche.

3.3 Erregungsleitung an Synapsen

Synapsen sind die Kontaktstellen der Axon-Endknöpfchen **(präsynaptischer Teil)** mit nachgeschalteten Zellen **(postsynaptischer Teil)**. Zur Synapse gehört auch der **synaptische Spalt** zwischen der Prä- und der Postsynapse. Handelt es sich um eine Synapse zwischen zwei Nervenzellen, so spricht man von einer **zentralen** oder **interneuralen** Synapse. Synapsen zwischen Nervenzellen und Muskelzellen bezeichnet man als **neuromuskulär** (siehe auch S. 28 ff.). Daneben können auch noch weitere Strukturen, z. B. Drüsen, gesteuert werden.
Ein einzelnes Neuron kann mit Tausenden Synaptischen Endknöpfchen anderer Neuronen bedeckt sein, wodurch sich eine sehr große Anzahl von Verschaltungsmöglichkeiten ergibt.

Bau und Funktion von chemischen Synapsen

Die Erregungsübertragung an einer chemischen Synapse kann in verschiedene Phasen eingeteilt werden. Im Beispiel erfolgt die Übertragung mithilfe des **Transmitters** (Überträgerstoffs) **Acetylcholin (ACh):**

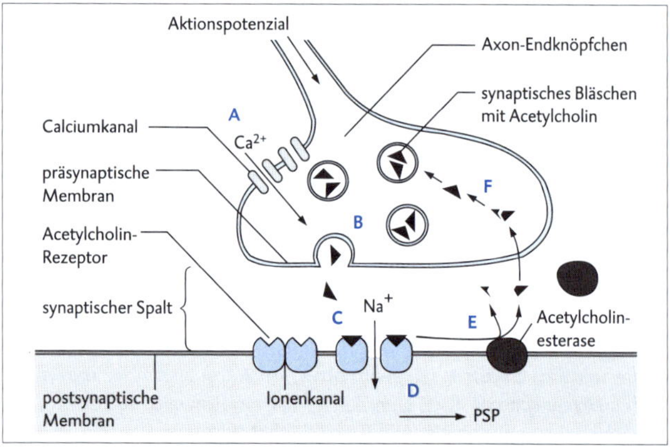

A Ein eintreffendes AP führt zur Öffnung spannungsabhängiger **Calciumionenkanäle**. Dadurch strömen Ca^{2+}-Ionen in das synaptische Endknöpfchen ein. Die Ca^{2+}-Ionen werden anschließend durch Ionenpumpen wieder hinausgepumpt.

B Mit dem **Transmitter** (Überträgerstoff) **Acetylcholin** gefüllte **Vesikel** verschmelzen mit der präsynaptischen Membran und geben die Moleküle in den synaptischen Spalt ab.

C Nachdem die Transmittermoleküle durch den Spalt diffundiert sind, koppeln sie an spezifische **Rezeptoren** der **Natriumionenkanäle** in der postsynaptischen Membran an.

D Die **Natriumionenkanäle** öffnen sich, Na^{+}-Ionen strömen ein. Dies führt zur Depolarisation der postsynaptischen Membran.
Ist dieses **postsynaptische Potenzial (PSP)** stark genug, wird letztendlich (siehe S. 56) ein Aktionspotenzial ausgelöst.

E Das Enzym **(Acetyl-)Cholinesterase** spaltet den Transmitter Acetylcholin in Essigsäure (Acetat) und Cholin. Dadurch wird er unwirksam.

F Das **Cholin** wird über die präsynaptische Membran aufgenommen, unter Energieverbrauch wieder zum vollständigen Transmitter Acetylcholin umgesetzt und in Vesikel eingeschlossen.

Durch den beschriebenen Mechanismus ist die Übertragung der Erregung nur in eine Richtung – von der Präsynapse zur Postsynapse – möglich. Synapsen haben also eine **Ventilfunktion**.

Erregende und hemmende Synapsen

Die **Erregungsstärke**, d. h. die Frequenz der in das Endknöpfchen einlaufenden APs, wird an der Synapse in der Menge des ausgeschütteten Transmitters kodiert: Je höher die Aktionspotenzialfrequenz ist, d. h., je mehr Impulse pro Zeiteinheit eintreffen, desto mehr Transmittermoleküle werden ausgeschüttet und desto größer wird die Amplitude des postsynaptischen Potenzials (PSP). Es handelt sich also um eine **amplitudenmodulierte Kodierung**.
An **erregenden (exzitatorischen) Synapsen** führt die Ankopplung des Transmitters an den Rezeptor zur Öffnung von Natriumionenkanälen. Durch den Einstrom von Natriumionen in die postsynaptische Zelle entsteht ein **exzitatorisches postsynaptisches Potenzial (EPSP)**, d. h., es kommt zu einer Depolarisation.

Bei einer **hemmenden (inhibitorischen) Synapse** binden sich die Transmitter dagegen an Rezeptoren, die K^+- oder Cl^--Ionenkanäle öffnen. Es kommt zu einer Hyperpolarisation der Membran, einem sog. **inhibitorischen postsynaptischen Potenzial (IPSP)**.

Verschaltung und Verrechnung an Synapsen

Die an einem Neuron eingehenden PSPs werden miteinander verrechnet und führen zu einem bestimmten Erregungszustand. Werden die Signale mehrerer Synapsen miteinander verrechnet, spricht man von **räumlicher Summation**. Bei der **zeitlichen Summation** werden die hintereinander eintreffenden Signale einer Synapse addiert.
An den Membranen der Dendriten und des Zellkörpers können sich keine APs ausbilden, dazu ist erst die Axonhügelmembran in der Lage. Die postsynaptischen Potenziale breiten sich von den postsynaptischen Membranbereichen unter Abschwächung in Richtung Axonhügel aus. Nur wenn die dort eintreffende Erregung noch stark genug ist, um die Membran des Axonhügels über den Schwellenwert zu depolarisieren, kann ein AP entstehen und über das Axon weitergeleitet werden.

Rezeptorgruppen und wichtige Transmitter

An Synapsen werden zur Erregungsübertragung eine Vielzahl verschiedener **Transmitter** mit unterschiedlicher Funktion genutzt, z. B.:

Transmitter	**Bedeutung** u. a.
Acetylcholin (ACh)	Steuerung von Muskelzellen (hemmend und erregend)
γ-Aminobuttersäure (GABA)	hemmende Wirkung im Neocortex
Glutaminsäure	erregende Wirkung im Neocortex
Dopamin	erregende Wirkung im Mittelhirn
Serotonin	dämpfende Wirkung im Hypothalamus
Noradrenalin	Stressbewältigung im Gehirn, Herz, ZNS

Rezeptormoleküle für Transmitter können in zwei Gruppen unterteilt werden: ligandengesteuerte und G-Protein-gesteuerte Rezeptoren.

- Bei den **ligandengesteuerten** (auch: **ionotropen**) Rezeptoren öffnet sich im Rezeptormolekül sofort beim Andocken der Transmittermoleküle ein Ionenkanal und die entsprechenden Ionen können in die postsynaptische Zelle einströmen.

- **G-Protein-gesteuerte** (auch: **metabotrope**) Rezeptoren sind über ein **Second-Messenger-System** (Zweitbotensystem, siehe auch S. 79 f.) über sog. G-Proteine an Ionenkanäle gekoppelt und lösen so indirekt und relativ langsam eine postsynaptische Reaktion aus.

Synapsengifte

Viele Nervengifte greifen im Bereich von interneuronalen oder neuromuskulären Synapsen an. Im ersten Fall kommt es zu Störungen der Verarbeitung und Wahrnehmung von Reizen sowie von Steuerungsprozessen. Im beiden Fällen können **Lähmungen** der willkürlichen Muskulatur auftreten, die, wenn beispielsweise die Herz- oder die Atemmuskulatur betroffen sind, lebensgefährlich werden können. Zu den Synapsengiften zählen z. B.:

Synapsengift	Wirkmechanismus	Auswirkung
Botulinumtoxin (Bakteriengift)	Verhinderung der ACh-Ausschüttung	schlaffe Muskellähmung
Curare (Pfeilgift)	Blockierung der ACh-Rezeptoren	schlaffe Muskellähmung
Atropin (Gift der Tollkirsche)	Blockierung der ACh-Rezeptoren	schlaffe Muskellähmung
Latrotoxin (Gift der Schwarzen Witwe)	andauernde Entleerung der ACh-Vesikel durch Öffnung zusätzlicher Ca^{2+}-Ionenkanäle	starre Muskellähmung
Alkylphosphate (chemische Kampfstoffe, Insektizid E605)	Hemmung der Cholinesterase	starre Muskellähmung
Nikotin (Gift der Tabakpflanze)	ACh-Analogon (Wirkung wie ACh, aber nicht durch Cholinesterase abbaubar)	starre Muskellähmung

Drogen und Medikamente

Drogen sind laut Definition der Weltgesundheitsorganisation (WHO) Substanzen, die eine direkte Wirkung auf das zentrale Nervensystem aufweisen und bei Konsum einen als mangelhaft empfundenen Zustand mindern, zum Verschwinden bringen oder die einen als angenehm empfundenen Zustand herbeiführen.

Kommt es beim Absetzen einer Droge zu Entzugserscheinungen (z. B. Angstzustände, Erbrechen, Muskelschmerzen) so spricht man von **körperlicher Abhängigkeit**. Ist die Abhängigkeit von einer Droge nicht körperlich bedingt, sondern beruht „lediglich“ auf starkem Verlangen, spricht man von **psychischer Abhängigkeit**.
Als Drogen wirksame Substanzen können beispielsweise im Bereich der Synapsen natürliche Transmitter wie Dopamin ersetzen und verdrängen. Da die Produktion des natürlichen Transmitters dann allmählich versiegt, ist der Körper auf die ständige Zufuhr der Droge angewiesen, um das Wohlbefinden zu sichern.
Dopamin hat z. B. eine erregende Wirkung und kann durch die halbsynthetische Droge LSD ersetzt werden. Amphetamine setzen dagegen große Mengen an Dopamin frei und wirken so unnatürlich anregend. Auch beruhigende Medikamente wie Valium wirken wie natürliche Transmitter, in diesem Fall wie GABA, teilweise aber viel intensiver. Hier ist also ebenfalls ein hohes Suchtpotenzial gegeben.

Neuromuskuläre Synapsen und Muskelfunktion

Eine Sonderform der synaptischen Verbindung stellen **neuromuskuläre Synapsen** (auch: motorische Synapsen, motorische oder neuromuskuläre Endplatten) dar, die am Ende der Axon-Verzweigungen eines **Motoneurons** (Neuron, das einen Muskel innerviert; auch: motorisches Neuron) die Verbindung zu Muskelfasern herstellen. Die flachen Endknöpfchen der Motoneuronen liegen auf **quer gestreiften Muskelfasern** auf, deren Membran im Bereich der Synapse tief gefurcht ist.

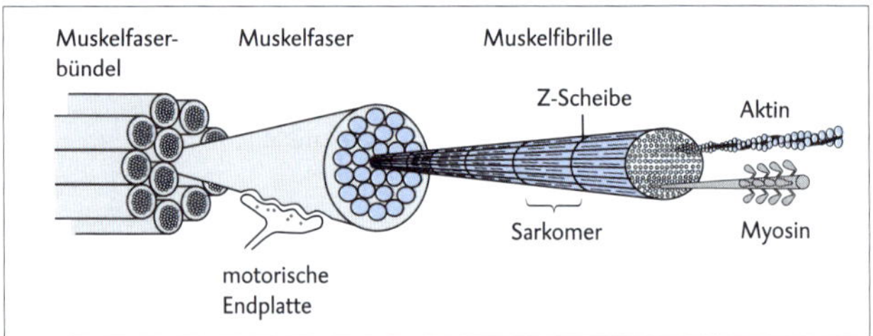

Muskelaufbau

Jeder Skelettmuskel besteht aus mehreren Muskelfaserbündeln, die in einer gemeinsamen Bindegewebshülle vorliegen. Die Muskelfasern sind wiederum aus den Muskelfibrillen aufgebaut. Das **Sarkomer**, die kleinste Einheit einer Muskelfibrille, besteht aus den Eiweißfilamenten **Aktin** und **Myosin** und wird rechts und links durch die sogenannten Z-Scheiben begrenzt.

Als Folge eines ankommenden APs wird an der neuromuskulären Synapse der **Transmitter Acetylcholin** freigesetzt. Die anschließende Depolarisation der postsynaptischen Muskelzellenmembran (Mechanismus siehe S. 54 f.), durch die schließlich ein AP ausgelöst wird, bewirkt, dass über ein System von Mikrotubuli aus dem endoplasmatischen Retikulum der Muskelfibrillen, dem sog. **sarkoplasmatischen Retikulum**, Calciumionen freigesetzt werden. Dies hat eine kurzzeitige Verbindung zwischen Aktin- und Myosinfasern zur Folge. Die physiologischen Grundlagen der dadurch ausgelösten Kontraktion der Muskelfasern werden durch das **Gleit-Filament-Modell** beschrieben.

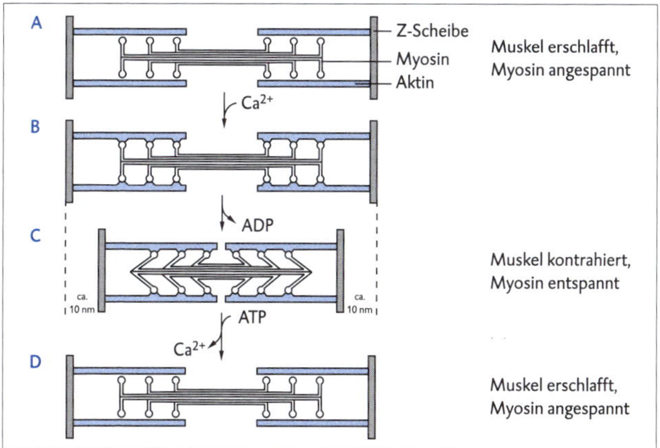

A Ist der Muskel erschlafft, liegen die Sarkomere gestreckt vor. Die Myosinfilamente sind durch „Ladung“ mit ATP-Energie in einer energiereichen Konformation, sie gleichen einem angespannten Hebel.

B Durch die Bindung von **Ca^{2+}-Ionen** wird die Aktinstruktur so verändert, dass Bindungsstellen für die Anheftung der energiegeladenen Myosinköpfchen frei werden.

C Die Bindung an das Aktin bewirkt bei den Myosinköpfchen die Freisetzung der gespeicherten Energie und den Übergang in eine entspannte Konformation. Durch dieses **Umklappen** zur Mitte des Sarkomers hin bewegen sich die Z-Scheiben aufeinander zu. Der Abstand verringert sich auf beiden Seiten um ca. 10 nm.
Die Verkürzung erfolgt durch das Ineinandergleiten der Filamente, ohne dass diese ihre Länge verändern.

D Durch die bei der **ATP-Spaltung** frei werdende Energie lösen sich die Myosinköpfchen vom Aktin und gehen wieder in die gespannte Hebelposition über. Die Ca^{2+}-Ionen werden in das sarkoplasmatische Retikulum zurückgepumpt.

3.4 Nervensysteme

Bereits einfach gebaute mehrzellige Tiere besitzen differenzierte Zellen zur Aufnahme und zur Verarbeitung lebenswichtiger Umweltreize. Je differenzierter der Gesamtorganismus ist, desto höher entwickelt ist auch das Nervensystem. Mit zunehmender Komplexität des Körperbaus kommt es auch zu einem erhöhten Regulierungsbedarf (z. B. des Stoffwechsels). Dieser evolutionären Entwicklungstendenz entsprechen auch die Spezialisierung in Sinneszellen und Neuronen, die **Zentralisation** der Nervenzellen in Knoten (Ganglien) und die Herausbildung eines Zentralnervensystems.
Die heute lebenden Tiergruppen spiegeln mit ihren verschiedenen Typen von Nervensystemen diese Entwicklung wider.

Netzförmiges Nervensystem
- Hohltiere (Polypen, Quallen)
- Aus wenigen Nervenzellen bestehende Ganglien sind unter der Körperoberfläche relativ gleichmäßig verteilt und durch ihre Fortsätze zweidimensional (netzförmig) verknüpft.

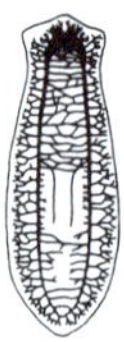

Strangförmiges Nervensystem
- Plattwürmer, Rundwürmer
- Es ist ein Zerebralganglion am vorderen Körperende ausgebildet, von dem aus verschiedene Nervenstränge bauchseitig (ventral) und auch schwächer rückenseitig (dorsal) durch den Körper ziehen. Die Längsstränge können durch ringförmige Querstränge verbunden sein.

Strickleiterförmiges Nervensystem
- Gliedertiere (z. B. Ringelwürmer, Gliederfüßer)
- Von einem gehirnartigen Nervenknoten am vorderen Körperende gehen ventrale Ganglienketten aus, die miteinander verknüpft sind (Bauchmark).

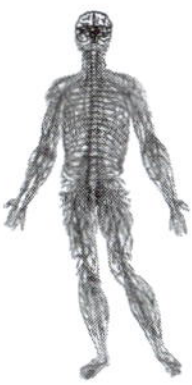

Zentralnervensystem
- Wirbeltiere
- Das Gehirn ist stark differenziert und bildet zusammen mit dem von dort ausgehenden dorsalen Rückenmark das eigentliche **Zentralnervensystem (ZNS)**. Das **periphere Nervensystem (PNS)** besteht aus Nervensträngen, die den Körper durchziehen und mit dem ZNS verbunden sind.

3.5 Bau und Funktionen des Zentralnervensystems

Bei Wirbeltieren liegt eine starke Zentralisation des Nervensystems im Gehirn, im Rückenmark und in den von dort ausgehenden peripheren Nerven vor. Als **Nervenstrang** oder **Nerv** bezeichnet man ein Faserbündel aus Axonen, das von einer gemeinsamen Bindegewebshülle umgeben ist. Die Versorgung der Nerven mit Sauerstoff und Nährstoffen erfolgt durch Blutgefäße. Man unterscheidet:

- **afferente Nerven (Afferenzen):** ziehen von den Sinnesorganen zum ZNS. Sie werden auch als **aufsteigend, sensibel oder sensorisch** bezeichnet.
- **efferente Nerven (Efferenzen):** ziehen vom ZNS zu den Erfolgsorganen (z. B. zur Muskulatur). Sie werden auch **absteigend oder motorisch** genannt.

Innerhalb des Gehirns und des Rückenmarks werden Nervenfaserbündel als **Bahnen** bezeichnet. Im Gehirn befinden sich die konzentrierten Zellkörper der Neuronen (graue Substanz) im äußeren Bereich (Großhirnrinde) und die Axonbündel (weiße Substanz) im Inneren. Im Rückenmark ist es umgekehrt (siehe S. 64).

Gehirn

Das menschliche **Gehirn** umfasst etwa zehn Milliarden Nervenzellen, die miteinander verknüpft eine sehr hohe Verschaltungsdichte ermöglichen.
Mittelhirn, Brücke und Nachhirn lassen sich zum Stammhirn (Hirnstamm) zusammenfassen.

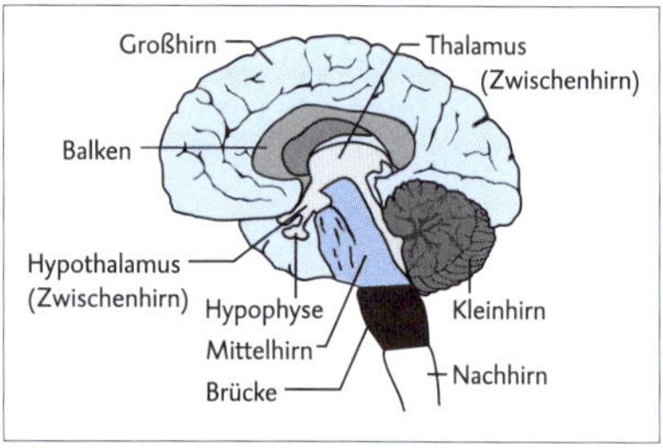

Aufbau des Gehirns

Die einzelnen Teile des Gehirns koordinieren ihre spezifischen Tätigkeiten untereinander. Zu den Grundfunktionen des Gehirns zählen:

Bestandteil	Funktionen
Nachhirn	• Verbindung zwischen Rückenmark und Mittelhirn • Steuerung von Reflexen wie Niesen, Speichel- und Tränenfluss, Husten, Erbrechen, Schlucken • Regelzentrum für Blutdruck, Herzfrequenz und Atemrhythmus
Mittelhirn und Brücke	• ursprüngliches Reiz-Reaktions-Zentrum • Schlafregulation und Augenstellung • Reflexzentrum
Kleinhirn	• Bewegungskoordination und Gleichgewicht (in Zusammenarbeit mit Großhirn)
Zwischenhirn	• Hypothalamus und Thalamus • Hormonsteuerung über Epiphyse und Hypophyse • Regelzentrum des vegetativen Nervensystems • Bildung elementarer Emotionen und Triebe
Großhirn (Vorderhirn)	• Planung und Koordination willkürlicher Bewegungen • Wahrnehmung • Empfindung • Assoziation • Gedächtnis • Lernen • Denken

Die linke und die rechte Hirnhälfte sind über den sog. **Balken** miteinander verbunden.

Die herausragenden Leistungen des menschlichen Gehirns beruhen vor allem auf den Verrechnungsvorgängen in der **Großhirnrinde** (graue Substanz). Hier lassen sich **sensorische Felder**, in denen die von den Sinnesorganen ankommenden Informationen verrechnet werden, von **motorischen Feldern** unterscheiden, die vor allem für die Bewegungssteuerung zuständig sind. Die einzelnen Felder sind nicht isoliert, sondern über Nervenbahnen verbunden. Dies bildet die Grundlage für Gedächtnis, Planungsfähigkeit etc.

Als **Gedächtnis** wird die Eigenschaft neuronaler Systeme bezeichnet, aufgenommene Informationen zu speichern und diese bei Bedarf als Erfahrung wieder abrufen zu können. Der Mechanismus der **Informationsspeicherung** in den zuordenbaren Feldern des Großhirns ist wegen der komplexen Vorgänge bis heute noch nicht vollständig aufgeklärt. Hypothesen gehen davon aus, dass **synaptische Verschaltungen** die Basis für neuronale Speicherprozesse sind. Diese werden umso effizienter und schneller, je häufiger sie „benutzt" werden. Wiederholt eintreffende Informationen führen zu festen **Leitungsmustern** und können damit schnell wieder aufgerufen werden. Nach Speicherdauer und Kapazität (die Einheit „bit" umfasst die kleinste Informationsmenge, die sich durch eine Ja-Nein-Entscheidung erfragen lässt) kann man verschiedene Gedächtnisstufen unterscheiden:

Gedächtnisstufe	geschätzte Kapazität	Speicherdauer	Beispiel
Kurzzeitgedächtnis	400 bit	wenige Sekunden	einzelne Wörter eines zusammenhängenden Textes
mittelfristiges Gedächtnis	10 000 bit	bis zu einigen Tagen	erlernte Fakten vor einer Klausur
Langzeitgedächtnis	10^{14} bit	viele Jahre	die erste große Liebe

Zur Erforschung von Abläufen im lebenden Gehirn können bildgebende Verfahren wie beispielsweise die **Positronen-Emissions-Tomografie (PET)** oder die funktionelle **Magnet-Resonanz-Tomografie (fMRT)** herangezogen werden. Mit ihrer Hilfe wird es möglich, Gehirnaktivitäten indirekt über das Sichtbarmachen von Stoffwechselprozessen abzubilden.

Als **neuronale Plastizität (Neuroplastizität)** bezeichnet man die Tatsache, dass unser Gehirn in der Lage ist, auf veränderte Bedingungen mit Veränderungen in der Anatomie und der Funktion zu reagieren.

- **Strukturelle Plastizität:** Wird der Signalübertragungsweg zwischen bestimmten Nervenzellen beispielsweise verstärkt genutzt, so kommt es zu einer Vermehrung der Synapsen zwischen diesen Nervenzellen.
- **Funktionelle Plastizität:** An viel genutzten Synapsen erhöht sich beispielsweise die Menge des ausgeschütteten Transmitters, wodurch es zu einer verstärkten synaptischen Übertragung kommt.

Rückenmark

Das **Rückenmark** durchzieht den Wirbelkanal der **Wirbelsäule** und verbindet das Gehirn mit dem Körper. In die hinteren Fortsätze (Hinterhörner) der schmetterlingsförmigen **grauen Substanz** münden die **afferenten (sensorischen) Nervenfasern**, die von den Sinneszellen einlaufende Informationen (Erregungen) leiten. Aus den Vorderhörnern entspringen **efferente (motorische) Nervenfasern**, die der Steuerung der Muskulatur dienen. Die afferenten und efferenten Fasern sind in den **Spinalnerven** gebündelt. Die Zellkörper der motorischen Fasern liegen in der grauen Substanz, die der sensorischen befinden sich in den sogenannten **Spinalganglien** (Ganglion = Ansammlung von Nervenzellkörpern außerhalb des ZNS).

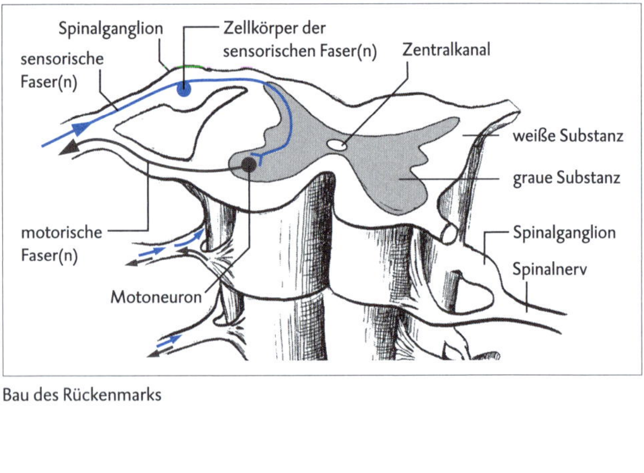

Bau des Rückenmarks

Reflexe

Reflexe (siehe auch (2) S. 123) sind schnelle und immer gleich ablaufende Antworten auf einen aufgenommenen Reiz. Meist handelt es sich um **Schutzreaktionen**, deren Abläufe das Gehirn zwar nachträglich wahrnimmt, aber nicht bewusst auslösen oder kontrollieren kann.
Die Grundlage auch komplizierter Reflexe sind die sog. **Reflexbögen**, einfache angeborene **Reiz-Reaktions-Ketten:**

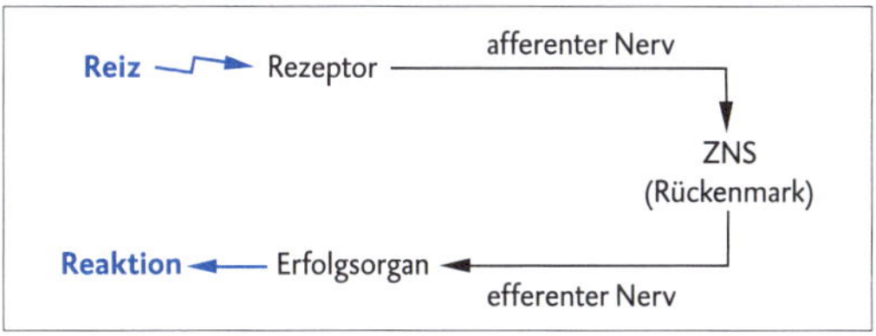

Reflexbogen

Wenn ein adäquater (passender) Reiz auf einen spezifischen **Rezeptor** trifft, wird dort je nach Reizstärke eine Serie von Aktionspotenzialen ausgelöst, die über **afferente** Nervenfasern zum Rückenmark geleitet werden. Dort wird die Erregung auf **efferente** Fasern umgeschaltet, die zu einem **Erfolgsorgan (Effektor)** führen. Dort erfolgt eine spezifische **Reaktion**.

Man unterscheidet verschiedene Reflextypen:

- **Eigenreflexe:** Der Ort der Reaktion befindet sich im gleichen Organ wie der Ort der Reizaufnahme (z. B. Kniesehnenreflex).
- **Fremdreflexe:** Der Ort der Reaktion befindet sich vom Ort der Reizaufnahme relativ weit entfernt (z. B. Rückziehreflex: Beim Berühren einer Kerzenflamme mit der Hand kontrahieren die Armmuskeln).
- **Monosynaptische Reflexe:** Die Umschaltung von Afferenz auf Efferenz geschieht nur über eine einzige Synapse (die meisten Eigenreflexe).
- **Polysynaptische Reflexe:** In diesem Fall erfolgt die Verschaltung im Rückenmark über mindestens ein **Interneuron** (auch: Schaltneuron, Zwischenneuron).

Beim **Kniesehnenreflex** (monosynaptischer Eigenreflex) werden durch eine Reizung der Kniesehne Rezeptoren (Muskelspindeln) im Streckermuskel des Oberschenkels gedehnt, was dazu führt, dass der Muskel kontrahiert und der Unterschenkel nach vorne schnellt.

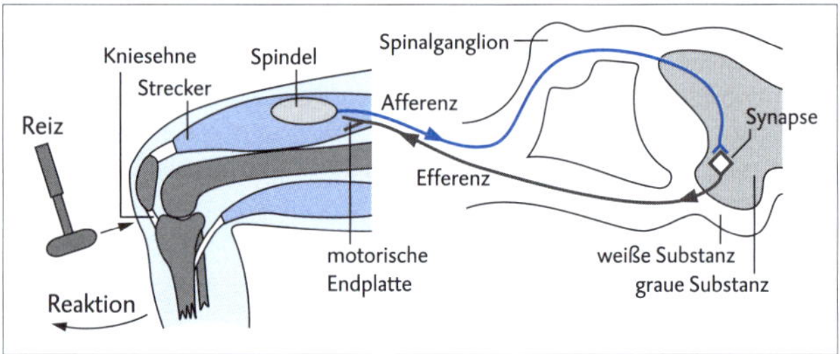

Kniesehnenreflex

Durch die beim Reflex **kurzen Schaltwege** ist in Gefahrensituationen eine **schnelle Reaktion** ohne den Umweg über das Gehirn möglich.

Vegetatives Nervensystem

Das **vegetative** Nervensystem ist ein Teil des peripheren Nervensystems. Es regelt in Kooperation mit dem Hormonsystem (siehe S. 78 ff.) **unwillkürliche**, d. h. weitgehend vom Willen unabhängige, aber lebensnotwendige Körperfunktionen wie z. B. Atemtätigkeit, Herztätigkeit und Blutkreislauf, Verdauung und Pupillenöffnung.
Von diesem lässt sich das **somatische (willkürliche) Nervensystem** unterscheiden, das die Bereiche umfasst, die willentlich beeinflusst werden können.

Zur Regulation der unwillkürlichen Körperfunktionen existieren zwei anatomisch und funktionell unterschiedliche, **antagonistisch** (entgegengesetzt) wirkende Teilsysteme.

- Die Bahnen des **Sympathikus** gehen vom zentralen Teil der Wirbelsäule aus und stehen mit vegetativen Zentren des Hirnstamms in Verbindung. Die peripheren Nerven des Sympathikus bestehen aus den parallel zur Wirbelsäule verlaufenden Grenzsträngen, die mit den Wirbelsäulensegmenten und den inneren Organen in Verbindung stehen. Aufgaben des sympathischen Anteils sind die **Leistungssteigerung** und Erregung des Körpers.
- Die Nervenbahnen des **Parasympathikus** ziehen vom Hirnstamm aus in den Körper. Ein zweites Ausgangszentrum liegt im Bereich der Steißbeinwirbel. Aufgaben des parasympathischen Systems sind **Beruhigung**, Abschwächung von Erregung und die Einsparung von Energieressourcen.

Die durch das vegetative Nervensystem beeinflussten inneren Organe sind immer **doppelt innerviert**, d. h., sie werden von beiden Teilsystemen gesteuert. Dabei hebt die Wirkung des einen Systems die des jeweils anderen auf. Die Organtätigkeit wird also gesteigert oder verringert, je nachdem, welches der beiden Teilsysteme (stärker) aktiv ist.

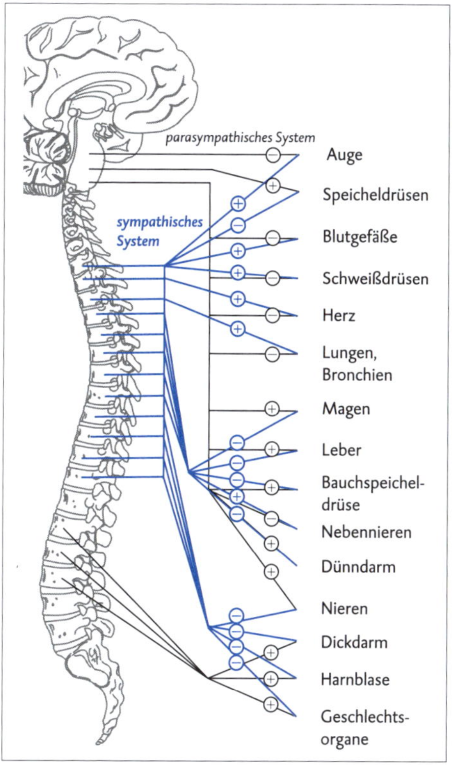

Anregende (+) und hemmende (–) Wirkungen von sympathischem und parasympathischem System auf verschiedene Organe

3.6 Erkrankungen des Nervensystems

Durch das Absterben von Nervenzellen kann es zu sog. neurodegenerativen Krankheiten mit unterschiedlichen körperlichen Auswirkungen kommen, z. B. Multiple Sklerose (MS), Parkinson-Syndrom und Alzheimer-Krankheit.

Beispiel Alzheimer
Als **Alzheimer-Krankheit** wird eine bisher nicht heilbare Demenz-Erkrankung bezeichnet, deren Ursache wahrscheinlich auf oxidativem Stress im Gehirn durch das vermehrte Auftreten freier Radikale beruht. Infolgedessen kommt es zur Schädigung und zum Absterben von Nervenzellen. Für die gesteigerte Bildung der freien Radikale verantwortlich ist wahrscheinlich die Anhäufung sogenannter **Amyloid-Plaques** (Proteinkristalle) auf und zwischen den Neuronen. Inwieweit die Erkrankung auf Vererbung zurückgeht, ist bisher noch nicht abschließend geklärt.
Durch das Fortschreiten der Krankheit, die meist erst nach dem 50. Lebensjahr auftritt, kommt es unter anderem zu Gedächtnisverlust, Desorientierung und Nachlassen des Denkvermögens, teilweise verbunden mit Wesensveränderungen. Letztendlich versagen sämtliche Körperfunktionen.
Durch Maßnahmen wie medikamentöse und nicht-medikamentöse Therapien (z. B. Psychotherapie) kann es gelingen, das Fortschreiten der Erkrankung zu verlangsamen.

4 Rezeptoren und Sinnesorgane

Um überleben zu können, muss ein Organismus Veränderungen seiner Umwelt erkennen und sich darauf einstellen können. Die Aufnahme von Umweltreizen wie Licht oder Schall, aber auch von Reizen, die ihren Ursprung innerhalb des Organismus haben, sowie deren Umwandlung in elektrische Impulse (Erregung; **Transduktion**) erfolgt durch **Rezeptoren** (auch: **Sinneszellen**). Diese „umgebauten“ Neuronen sind oft in spezialisierten **Sinnesorganen** zusammengefasst.

4.1 Rezeptoren

Rezeptoren (Sinneszellen) sind spezifisch für den Reiz, den sie aufnehmen und verarbeiten können. Nach der Art des aufgenommenen (adäquaten) Reizes kann man die Rezeptoren in vier Gruppen einteilen:

Rezeptortyp	aufgenommene äußere Reize	aufgenommene innere Reize
Fotorezeptor	Licht	–
Mechanorezeptor	Druck, Geräusche	Veränderungen in der Körperhaltung, Orientierung im Raum, Muskelspannung
Chemorezeptor	Geschmack, Geruch	Glucosegehalt, pH-Wert oder Sauerstoffsättigung des Blutes
Thermorezeptor	Außentemperatur	Körpertemperatur

Nimmt eine **primäre Sinneszelle** (z. B. Seh- oder Geruchssinneszelle) einen adäquaten Reiz auf, so entsteht ein sog. **Rezeptorpotenzial**, das proportional zur Reizstärke ist und so lange andauert, wie der Reiz auf die Sinneszelle einwirkt. Das Rezeptorpotenzial breitet sich durch kontinuierliche Erregungsleitung bis zum Axonhügel der Sinneszelle aus, wo es bei Überschreitung des Schwellenwertes Aktionspotenziale (siehe S. 51 ff.) auslösen kann. Die Höhe des Rezeptorpotenzials (also die Reizstärke) wird dabei in der AP-Frequenz kodiert.

Sekundäre Sinneszellen (z. B. Hörsinneszellen) können selbst keine APs erzeugen. Ihr **Rezeptorpotenzial** wird zunächst über Synapsen an ein nachgeschaltetes Neuron übertragen, an dem dann bei Überschreiten des Schwellenwerts APs ausgelöst werden.

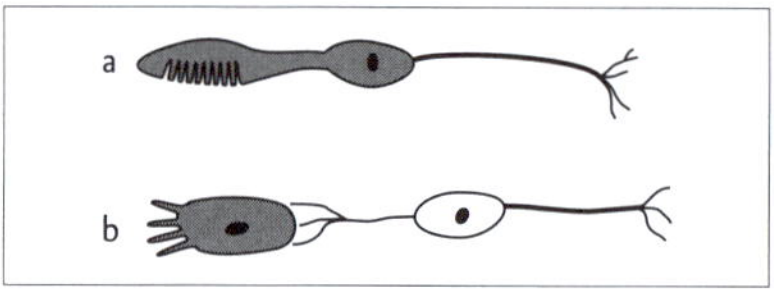

Primäre (a) und sekundäre (b) Sinneszelle

Bei gleichbleibender Reizstärke kann es zu einer **Adap(ta)tion** der Rezeptoren kommen. Die Empfindlichkeit gegenüber lang anhaltenden Reizen ist je nach Sinneszellentyp unterschiedlich. Bei phasischen und phasisch-tonischen Sinneszellen (z. B. Geruchssinn, Lichtsinn) fällt die AP-Frequenz mit der Zeit ab, die Zelle adaptiert sich an den Reiz. Tonische Sinneszellen (z. B. Schmerzwahrnehmung) „feuern" dagegen während der gesamten Reizdauer mit gleichbleibender Intensität.

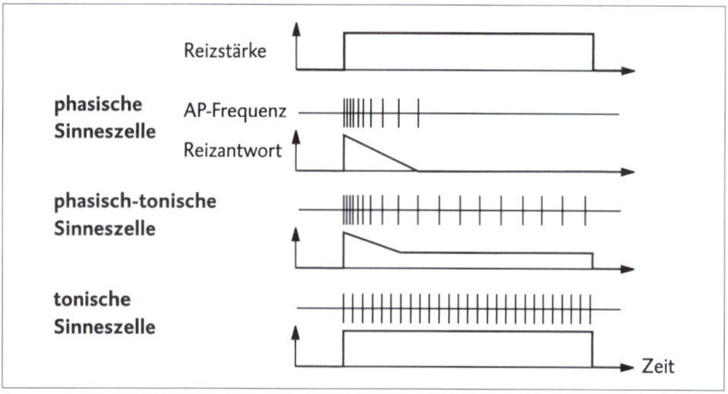

Adaptation verschiedener Sinneszellentypen an einen konstanten Reiz

4.2 Das Wirbeltierauge

Das Lichtsinnesorgan der Wirbeltiere ist mit Fotorezeptoren ausgestattet, die **Lichtenergie** (Photonen) in einem bestimmten Spektralbereich absorbieren und in Erregungen afferenter Nerven umwandeln können.

Aufbau des Auges

Das sogenannte **inverse Linsenauge** der Wirbeltiere ist blasenförmig aufgebaut. Die Lichteintrittsöffnung ist mit einer **Blende (Iris)** und einer **abgeflachten Linse** versehen. Die Projektion des Bildes erfolgt verkleinert, auf dem Kopf stehend und spiegelverkehrt auf eine Epithelschicht von Sehsinneszellen, der **Netzhaut** (auch: **Retina**), deren lichtempfindliche Seite vom Licht abgewandt ist (invers, siehe Abb. S. 72).
Um unterschiedlich weit entfernte Gegenstände scharf auf der Netzhaut abbilden zu können, kann die Brechkraft der elastischen Linse mithilfe der Ziliarmuskeln und der Zonulafasern (Linsenbänder) verändert werden. Man spricht von **Akkommodation**. Zum Nahsehen wird die Brechkraft der Linse durch Kontraktion der Ciliarmuskeln erhöht.
Die Anpassung an unterschiedliche Helligkeiten durch Verkleinerung des Pupillendurchmessers und die phasisch-tonische Reaktion der Fotorezeptoren (siehe S. 72 ff.) nennt man die **Adap(ta)tion** des Auges.

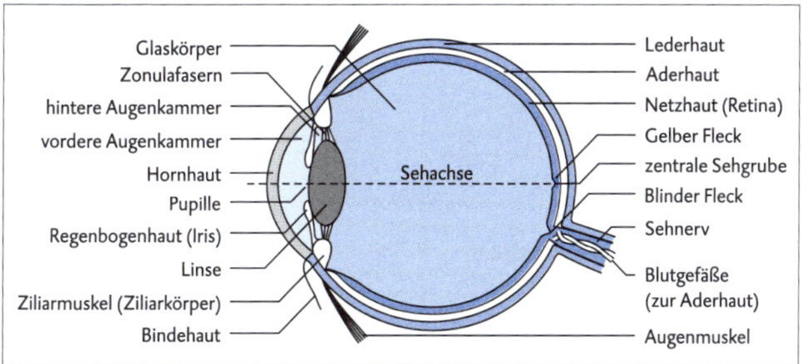

Bau des Wirbeltierauges

Die größte Konzentration an Fotorezeptoren auf der Netzhaut findet sich im Bereich der optischen Achse, im sogenannten **Gelben Fleck**. Im Bereich des abgehenden Sehnervs befinden sich keine Fotorezeptoren, weshalb man vom **Blinden Fleck** spricht.
Die Querverschaltungen sowohl der Sinneszellen als auch der nachgeschalteten Neuronen (Ganglienzellen) untereinander durch **Interneurone** (Bipolarzellen, Horizontalzellen und amakrine Zellen) ermöglichen die Signalverstärkung schwacher Lichtimpulse, die Verrechnung der von den unterschiedlichen Fotorezeptoren kommenden Signale

(z. B. zur **Kontrastverstärkung**) sowie die Komprimierung der zum Gehirn fließenden Datenmenge.
Das **Pigmentepithel** hat die Aufgabe, bei starker Lichteinstrahlung Lichtanteile zu absorbieren.

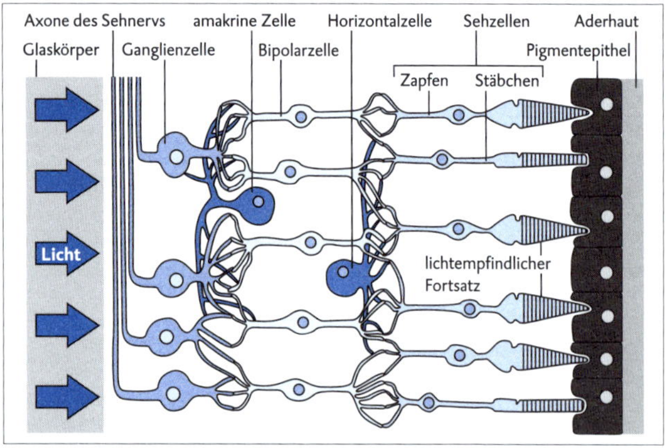

Schema des zellulären Aufbaus der Netzhaut

Vorgänge in den Sehzellen

Zwei Sorten von **Fotorezeptoren** lassen sich unterscheiden:

- **Stäbchen** sind wegen ihrer hohen Lichtempfindlichkeit besonders für das **Dämmerungs-** und das **Hell-Dunkel-Sehen** geeignet. Ihr Absorptionsmaximum liegt bei ca. 500 nm. Da sie stark über Horizontalzellen verschaltet sind, können Bewegungen verfolgt werden. Außerdem werden mit ihnen Kanten und Umrisse scharf wahrgenommen. Die Netzhaut enthält 20-mal mehr Stäbchen als Zapfen (ca. 120 Mio.).
- **Zapfen** sind die Lichtsinneszellen zur **Farbwahrnehmung** und allgemein für das **Sehen bei Tageslicht**. Die überlappende Wahrnehmung der drei Zapfentypen mit unterschiedlichen Absorptionsbereichen, nämlich für blaues, grünes und rotes Licht, deckt das ganze Spektrum des für den Menschen sichtbaren Lichts (zwischen 400 und 800 nm) ab.

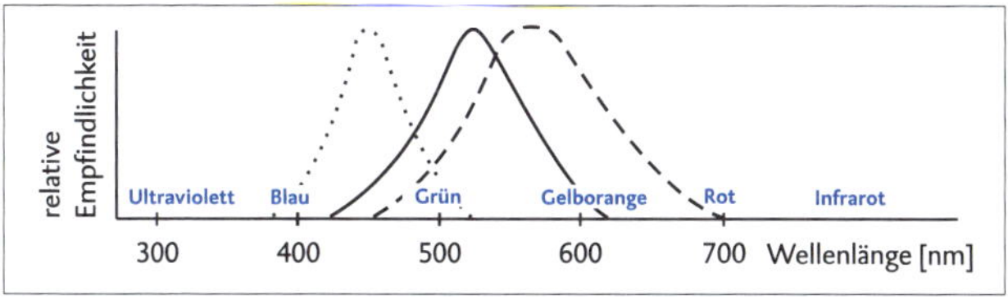

Absorptionsbereiche der drei Zapfentypen

Stäbchen und Zapfen sind prinzipiell ähnlich aufgebaut. Zur einen Seite hin liegt das sogenannte **Außensegment** (auch: **lichtempfindlicher Fortsatz**), in dem im Fall der Stäbchen die **Discs** liegen – geldrollenartig gestapelte Einstülpungen der Zellmembran (Oberflächenvergrößerung), in denen die auftreffende Lichtenergie (Photonen; adäquater Reiz) mithilfe von Sehpigmenten (Farbstoffen) in Erregung umgesetzt wird. Bei den Zapfen finden sich die Pigmente in den Lamellen (Oberflächenvergrößerung). Auf der anderen Seite befindet sich das **Innensegment** mit dem Zellkörper und einem kurzen Axon, das Synapsen mit einem nachgeschalteten Neuron bildet.

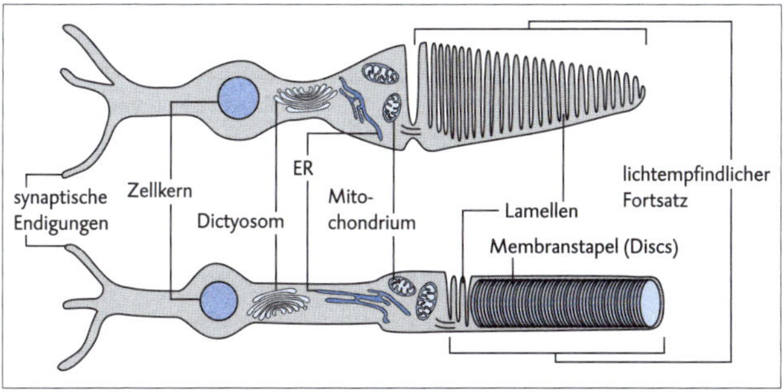

Zapfen (oben) und Stäbchen (unten)

Die Lichtabsorption erfolgt durch das Sehpigment **Rhodopsin**. Es besteht aus dem Farbstoffmolekül **Retinal**, einem Vitamin-A-Abkömmling, und dem Trägerprotein **Opsin**, das sich bei den Stäbchen und den drei Zapfentypen jeweils in der Struktur unterscheidet. Durch diese unterschiedlichen Formen des Rhodopsins kommen die unterschiedlichen Absorptionsmaxima der verschiedenen Fotorezeptoren zustande.

Im Folgenden wird der Prozess der Transduktion am Beispiel der Stäbchen beschrieben. Der Prozess bei den Zapfen ist aber sehr ähnlich.
Wird Rhodopsin belichtet, so ändert sich die Struktur (räumliche Anordnung) des gebundenen Retinals: Es wird vom sogenannten **11-cis-Retinal** in das **all-trans-Retinal** umgewandelt. Dies führt dazu, dass eine **Signal-Transduktions-Kaskade (Sehkaskade)** in Gang gesetzt wird. Das aktivierte Rhodopsinmolekül bewirkt die Aktivierung spezieller Proteine, der sog. **Transducine**. Anschließend zerfällt das Rhodopsin in das Opsin und das all-trans-Retinal. Das Transducin bindet an **Phosphodiesterasen** (Enzyme) in der Disc-Membran, wodurch diese zur Spaltung des **second messengers cGMP** (zyklisches Guanosinmonophosphat) veranlasst werden. Dies führt zum Verschluss der im Dunkeln durch cGMP ständig offen gehaltenen Na^+-Ionenkanäle in der Rezeptormembran. Bei Belichtung wird dadurch die Membran **hyperpolarisiert** und damit letztendlich die Ausschüttung hemmender Transmitter an den Synapsen zwischen Sinneszelle und nachgeschalteten Neuronen (Bipolarzellen) vermindert. Die nachgeschalteten Neuronen wandeln diese Verminderung der Transmitterausschüttung in Aktionspotenziale um und leiten diese zu den Sehzentren des Gehirns, in denen die Wahrnehmung erfolgt. Das freigesetzte all-trans-Retinal fällt nach kurzer Zeit wieder in die 11-cis-Konformation zurück. Unter Energieverbrauch wird anschließend Rhodopsin resynthetisiert. Die spontane Regenerationsrate von Retinal ist aber bei Starklicht oft nicht ausreichend, sodass die Empfindlichkeit der Fotorezeptoren systematisch abnimmt (Netzhaut-Adaptation).

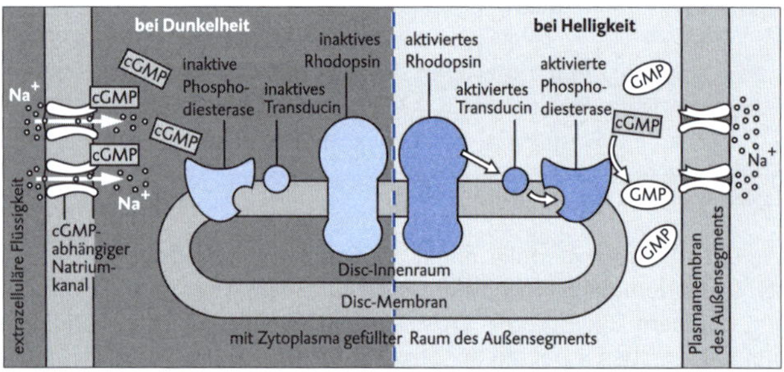

Zapfen (oben) und Stäbchen (unten)

Von einer Signal-Transduktions-Kaskade spricht man, da das ursprüngliche Signal, ein Photon aktiviert ein Rhodopsinmolekül, im Verlauf der Reaktionskette enorm verstärkt wird. Ein einziges aktiviertes Rhodopsinmolekül bewirkt beispielsweise die Aktivierung von Hunderten Transducinmolekülen.

4.3 Verarbeitung der Informationen im Gehirn

Das in der Netzhaut entstandene Erregungsmuster wird über die Axone des **Sehnervs** zum Gehirn geleitet. Die für das Sehen zuständigen Hirnbereiche im Sehzentrum des Großhirns verarbeiten die einlaufende Erregung und rufen so die Wahrnehmung eines Bildes hervor, auf das dann u. U. durch eine gezielte Bewegung reagiert wird.
Im Großhirn erfolgt auch die Verarbeitung der Wahrnehmung beider Augen zu einem einheitlichen Bild. Der Eindruck eines einzelnen Bildes kann nur zustande kommen, wenn die Augen so eingestellt sind, dass die Lichtstrahlen der Bilder in den beiden Augen auf entsprechende **(korrespondierende) Netzhautbereiche** fallen, die in gleicher Richtung und Entfernung vom gelben Fleck liegen. Ein ähnlicher Mechanismus ermöglicht auch das **räumliche Sehen:** Je weiter ein Gegenstand vom Auge entfernt ist, umso weniger unterscheiden sich die Bilder auf dem gelben Fleck des linken und des rechten Auges. Das Gehirn kann aus der Abweichung zwischen den Bildern die Entfernung errechnen.

Verlauf der Sehbahnen

Die Axone des Sehnervs laufen in den Thalamus, einen Bereich des Zwischenhirns. Von dort aus wird die Erregung nach Umschaltung auf Nervenzellen des Gehirns weiter in die Sehzentren im hinteren Großhirnbereich geleitet. Vor dem Eintritt in das Zwischenhirn kreuzt ein Teil der Axone des linken Sehnervs diejenigen des rechten **(Chiasma opticum)**. Auf diese Weise gelangen die Signale der Lichtsinneszellen der jeweils rechten Hälfte der Netzhaut beider Augen in die rechte Großhirnhälfte (Hemisphäre), die der linken in die linke Hälfte. Aufgrund der Lichtbrechung durch die Linse entsprechen die auf der rechten Hälfte eintreffenden Erregungen der linken Seite des Sehfeldes und umgekehrt (siehe Abbildung).

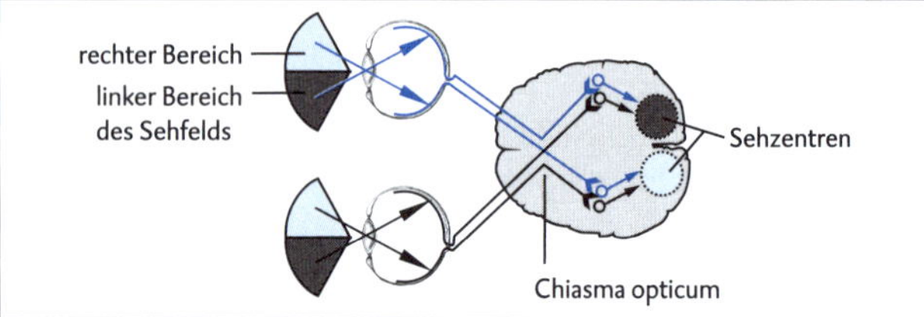

Verlauf der Sehbahnen im Gehirn

Sensorische Projektions- und Assoziationsfelder
In der Großhirnrinde lassen sich, wie auf S. 63 besprochen, Bereiche unterschiedlicher Funktionen voneinander abgrenzen, **sensorische und motorische Felder**. **Wahrnehmung** und **Erkennung** von Bildern erfolgen in getrennten Bereichen der Großhirnrinde. Das **Projektionsfeld des Sehens** beider Großhirnhälften nimmt die Bilder wahr, eine Erkennung wird aber erst möglich, wenn das wahrgenommene Bild mit bereits vorher gesehenen Bildern verglichen wird, die im **Assoziationsfeld des Sehens** gespeichert sind. Der Vorgang des Erkennens ist also eigentlich ein „Wiedererkennen".
Eine Zerstörung des Projektionsfelds des Sehens führt zu vollständiger Blindheit **(Rindenblindheit)**. Die in der Netzhaut entstehende Erregung wird zwar über den Sehnerv zum Gehirn geleitet, führt aber dort nicht zur Wahrnehmung des Bildes. Eine Person, deren Assoziationsfeld funktionsunfähig ist, kann Bilder zwar wahrnehmen, aber nicht erkennen, sie ist **seelenblind**. Ein an Seelenblindheit leidender Patient kann z. B. einem Stuhl, der ihm im Weg steht, ausweichen, das Hindernis aber nicht benennen.
Diese Zweiteilung gilt prinzipiell auch für alle anderen Sinneseindrücke. So liegen in der Großhirnrinde Projektions- und Assoziationsfelder des **Hörens**. Entsprechend gibt es auch hier die Ausfallerscheinungen der Rinden- und Seelentaubheit.

4.4 Weitere Sinnesorgane

Das **Ohr** ist der Sitz des **Hör-** und des **Gleichgewichtssinns**. Beim Hören werden von Schallwellen ausgelöste Luftschwingungen von der Ohrmuschel eingefangen, durch den Gehörgang zum Trommelfell weitergeleitet und auf die Gehörknöchelchen (Hammer, Amboss und Steigbügel) im Mittelohr übertragen.

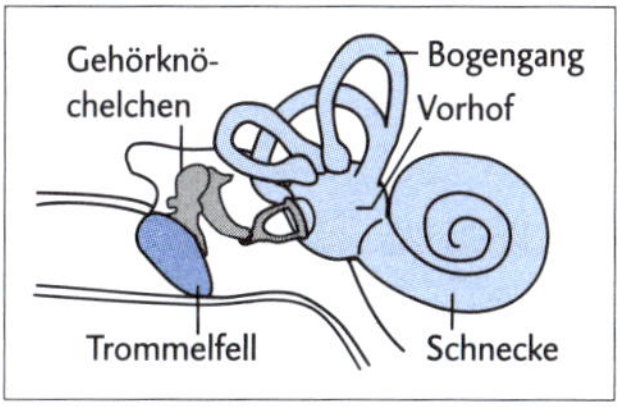

Mittel- und Innenohr

Im Schneckengang des flüssigkeitsgefüllten Innenohrs werden dadurch die Härchen der sekundären **Hörsinneszellen** gereizt. Über den Hörnerv gelangen Informationen zur Tonhöhe (unterschiedliche Rezeptoren für verschiedene Schwingungsfrequenzen), Lautstärke (Anzahl der Impulse pro Zeit) und Richtung (Verzögerung des Eintreffens des Signals von einem Ohr zum anderen) zum Gehirn. In den Bogengängen und Vorhofsäckchen des Innenohrs sitzen Dreh- und Lagesinn, die zusammen den **Gleichgewichtssinn** bilden. Sie melden die Bewegungen und die dreidimensionale Position des Kopfes an das Gehirn.

Sinnesorgan	Sinn	Eigenschaften
Haut	Tastsinn	Lamellenkörperchen unter der Oberhaut, freie Nervenendigungen um Haarwurzeln.
	Temperatursinn	Wärme- und Kälterezeptoren registrieren unterschiedliche Temperaturbereiche.
Nase, Zunge	Geruchs-, Geschmackssinn	Primäre Sinneszellen der Nase erkennen die unterschiedlichsten chemischen Substanzen, die sekundären Geschmackspapillen der Zunge können nur die vier Grundgeschmacksarten sauer, salzig, süß und bitter unterscheiden.

Übersicht über weitere Sinnesorgane

5 Hormone

Das Hormonsystem stellt neben dem neuronalen das zweite **Informationssystem** zur Regulation von Körperfunktionen dar. Die meisten Hormone (Ausnahme: Neuro- oder Gewebshormone) werden in speziellen **Hormondrüsen** gebildet und sind als Botenstoffe im Blutkreislauf für die langsamere, nachhaltigere Informationsübermittlung zuständig.

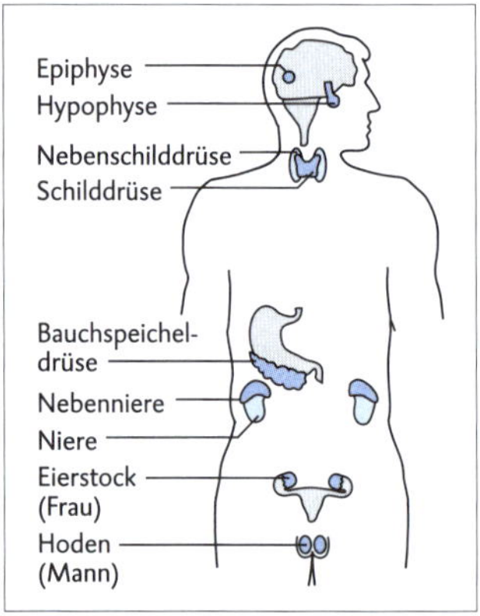

Hormondrüsen des Menschen

Die von spezialisierten Zellen des Nervengewebes z. B. im Hypothalamus (siehe S. 62) gebildeten **Neurohormone** kontrollieren über vernetzte Regelsysteme durch Stimulierung (Releasing-Hormone) oder Hemmung (Inhibiting-Hormone) die Exkretion anderer Hormone an den entsprechenden Hormondrüsen. So reguliert das Neurohormon GHRH (Wachstumshormon-Releasing-Hormon) des Hypothalamus z. B. die Freisetzung des Wachstumshormons STH (Somatotropin) aus der Hypophyse.

5.1 Hormonwirkung und -regulation

Nach ihrer chemischen Struktur unterscheidet man **Steroid-** von **Peptidhormonen**. Grundsätzlich funktioniert die Signalübermittlung bei beiden Hormonklassen in ähnlicher Form. Nach der **endokrinen Exkretion** (Ausschüttung in das Innere des Körpers) werden die Hormone durch Blut und andere Körperflüssigkeiten im gesamten Organismus verteilt. Die Antwort erfolgt in den **Zielzellen** über entsprechende **Rezeptorstrukturen** zur Bindung des Hormons. In der Zielzelle werden dadurch unterschiedliche Reaktionen ausgelöst, z. B. Veränderungen an Enzymen und Ionenkanälen, die Aktivierung von Genen zur Proteinbiosynthese oder die Exkretion anderer Hormone.

Steroidhormone

Diese Hormone sind in der Lage, durch die Zellmembranen zu diffundieren und an **intrazelluläre Rezeptoren** anzudocken. Der entstehende Hormon-Rezeptor-Komplex lagert sich meist an die DNA an und kann als sog. **Transkriptionsfaktor** die Expression bestimmter Gene aktivieren oder hemmen (siehe (2) S. 23). Zu dieser Gruppe gehören alle lipophilen (fettlöslichen) Steroidhormone wie z. B. Testosteron, Östrogen, Cortisol und Aldosteron sowie die Schilddrüsenhormone.

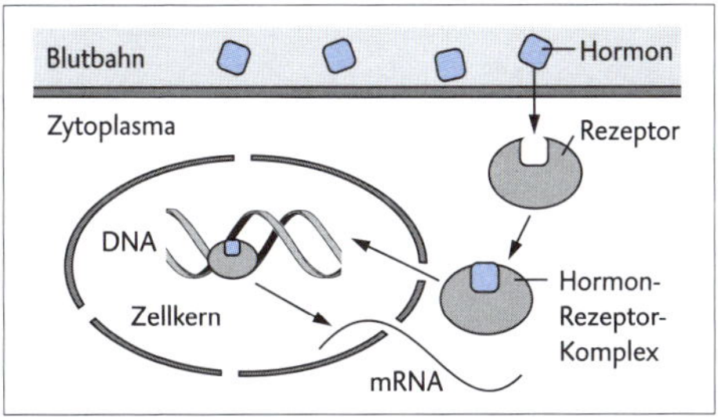

Wirkmechanismus von Steroidhormonen

Peptidhormone

Diese relativ großen und meist negativ geladenen Hormone (**first messenger**, z. B. Insulin, Glucagon und Somatotropin) können die Zellmembran nicht durchdringen und docken daher an einen **Rezeptor an der Außenseite der Zellmembran** an. Der Hormon-Rezeptor-Komplex löst durch einen für jedes System spezifischen Mechanismus die Bildung oder Freisetzung eines weiteren Botenmoleküls, des **second messengers**, im Inneren der Zelle aus. Diese sekundären Botenstoffe können die unterschiedlichsten chemischen Strukturen haben (z. B. zyklisches Adenosinmonophosphat [cAMP] oder zyklisches Guanosinmonophosphat [cGMP], Ca^{2+}-Ionen, Zuckerphosphate oder Fette) und sind oft für eine Reihe von verschiedenen Folgereaktionen verantwortlich.

So wird z. B. der second messenger cAMP bei Aktivierung eines entsprechenden Enzyms an der Membraninnenseite durch den Hormon-Rezeptor-Komplex gebildet. cAMP aktiviert wiederum andere Enzyme in der Zelle, die durch ihre Reaktionen die eigentliche Hormonwirkung auslösen.

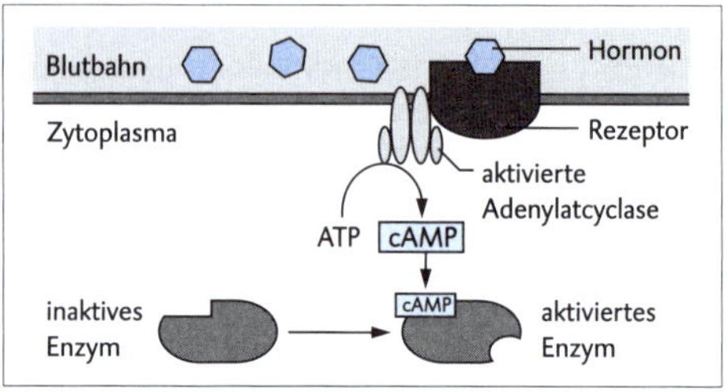

Wirkmechanismus von Peptidhormonen

Hormonelle Regelkreise

Unter **Regelung** versteht man alle Prozesse, die dazu dienen, in einem Organismus ein relativ stabiles inneres Milieu zu erzeugen und zu erhalten **(Homöostase)**. Die dazu erforderlichen Abläufe können durch einen sog. **Regelkreis** dargestellt werden.

Zur Aufrechterhaltung des stabilen inneren Milieus müssen alle physiologischen Werte (z. B. pH-Wert, Ionen- und Nährstoffkonzentrationen, Temperatur) als **Regelgrößen** konstant gehalten (Soll-Wert) oder gezielt einer **Führungsgröße** nachgeführt werden. Dazu wird mithilfe eines **Messglieds** (spezifische Rezeptoren) ständig der **Ist-Wert**, d. h. der aktuelle Wert der Regelgrößen, bestimmt, der sich durch den Einfluss von **Störgrößen** ständig verändert. Über afferente Nervenfasern oder Hormone erfolgt die Übertragung des Ist-Werts zum **Regler** (Regulationszentrum). Der Regler vergleicht den Ist-Wert mit dem **Soll-Wert** bzw. der Führungsgröße und aktiviert bei Abweichungen durch Übertragung eines **Stellwertes** (über efferente Nervenfasern oder Hormone) die **Stellglieder**. Die Stellglieder sind die zur Veränderung der Regelgröße benötigten Erfolgsorgane.

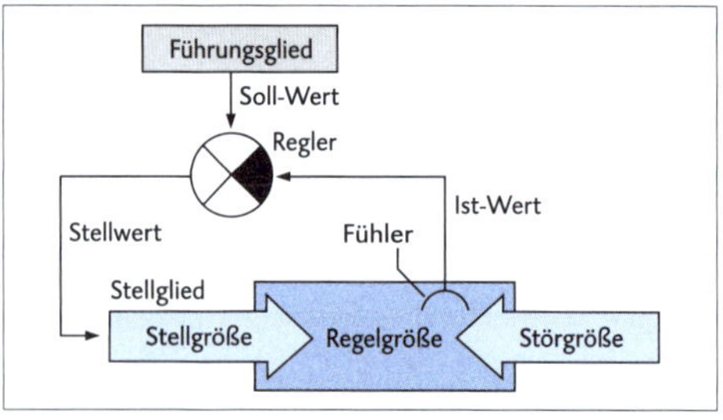

Schema eines Regelkreises

Innerhalb von Regelkreisen kann es zu positiven oder negativen **Rückkopplungen** (feedback) kommen. Bei der im Körper häufig auftretenden negativen Rückkopplung wird im Falle eines zu hohen Ist-Werts dasjenige System zurückgefahren, das zur Erhöhung dieser Regelgröße geführt hat. Bei zu geringen Werten wird es wieder stärker aktiviert, sodass die Regelgröße ständig schwankt (oszilliert).
Seltener sind Prozesse, die sich durch positive Rückkopplung selbst verstärken, d. h., bei denen eine Regelgröße (nach Überschreiten eines Schwellenwertes) am Regler ihre eigene Erhöhung bewirkt.

5.2 Regulation des Blutzuckerspiegels

Der Blutzuckerspiegel wird u. a durch Glucagon und Insulin gesteuert, zwei Peptidhormone, die in den Langerhans-Zellen der Bauchspeicheldrüse produziert werden. **Insulin** bewirkt die Aufnahme von Glucose aus dem Blut in die Zellen von Muskeln und Leber, in denen Energiereserven durch Glykogenbildung und Fettspeicherung angelegt werden. **Glucagon** führt dagegen zum Abbau der Energiespeicher in den Zielgeweben. Beide Hormone beeinflussen also den Blutzuckerspiegel, der sich durch Nahrungsaufnahme oder verstärkten Glucoseverbrauch, z. B. bei körperlicher Anstrengung, ständig verändert.
Durch das geregelte Wechselspiel der beiden Hormone wird die durchschnittliche Glucosekonzentration im Blut bei etwa 1 g pro Liter konstant gehalten. Ständig zu hohe Werte sind Anzeichen für **Diabetes**, eine komplexe Stoffwechselstörung, die die Schädigung vieler Organe hervorrufen kann. Zu geringe Werte können einen **hypoglykämischen Schock** (Unterzuckerung) auslösen, der bei länger andauernder Nichtversorgung des Nervensystems mit Glucose zum Tod führen kann.

Bei der Blutzuckerregulation arbeiten Hormon- und Nervensystem eng zusammen. Außer dem Insulin-/Glucagon-Mechanismus der Bauchspeicheldrüse beeinflussen noch mehrere weitere regulatorische Systeme die Glucosekonzentration im Blut.
Verändert sich der Blutzuckerspiegel durch Nahrungsaufnahme oder Anstrengung, wird dies von Rezeptorzellen der Bauchspeicheldrüse und des **Hypothalamus** registriert. Das Zwischenhirn beeinflusst daraufhin über das **vegetative Nervensystem** die Exkretion von Insulin und Glucagon aus der **Bauchspeicheldrüse** sowie von Adrenalin bzw. Noradrenalin aus dem **Nebennierenmark**. Die Stresshormone Adrenalin

und Noradrenalin fördern in den Zielzellen ähnlich wie Glucagon den Fett- und Glykogenabbau. Sympathikus und Parasympathikus wirken zusätzlich direkt auf einige der Erfolgsorgane ein.
Über das „Zwischenglied" der **Hypophyse** reguliert der Hypothalamus weiterhin die Ausschüttung von Thyroxin aus der **Schilddrüse**. Durch seine allgemein umsatzsteigernde Wirkung führt Thyroxin ebenfalls zu einer Verringerung des Blutzuckerspiegels. Andere Hypophysenhormone können auf einem alternativen Weg die Adrenalinproduktion der Nebennieren zusätzlich steigern.

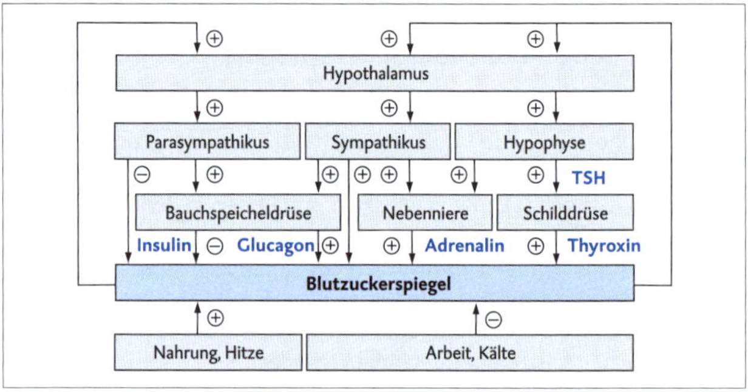

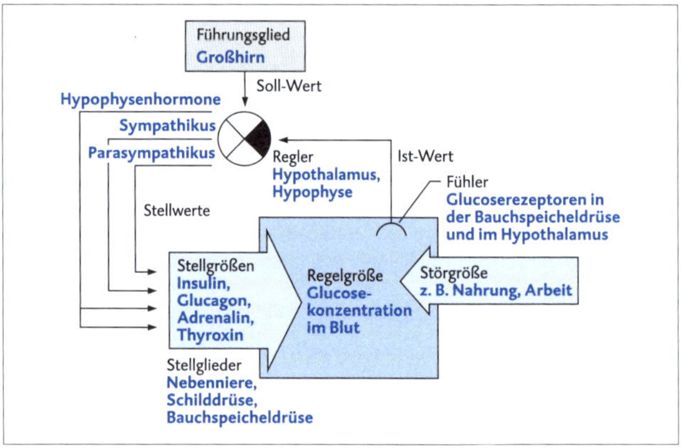

Regulation des Blutzuckerspiegels

5.3 Stressreaktionen

Aus biologischer Sicht ist Stress eine unspezifische physiologische Reaktion auf Stressoren (Umweltreize, die Stress auslösen können), die zur Erhöhung der Leistungsfähigkeit und Reaktionsbereitschaft des Gesamtorganismus führt. Die Stress auslösenden Faktoren können in drei Gruppen eingeteilt werden:

- **Physische Stressoren:** Hitze, Kälte, Lärm, Hunger, Infektionen und Verletzungen, Drogen oder Chemikalien
- **Psychische Stressoren:** Ängste, psychische Leistungsüberforderung, Prüfungssituationen
- **Soziale Stressoren:** Gedränge, (familiäre) Konflikte, Mobbing

Stressoren lösen nach ihrer Wahrnehmung durch die Sinnesorgane spezifische neuro-hormonale Reaktionen aus, die in ihrer ursprünglichen Funktion erfolgreichere Angriffs-, Flucht- oder Abwehrreaktionen ermöglichen sollen **(Fight-or-flight-Syndrom)**.

In der ersten Phase, der Alarmreaktion, kommt es zu einer Aktivierung des Sympathikus (siehe S. 66 f.) mit einigen direkt zu beobachtenden Folgen (z. B. Pupillenerweiterung, Bronchienerweiterung, erhöhter Blutdruck, erhöhte Herz- und Atemfrequenz). Weiterhin wird durch den Sympathikus das Nebennierenmark zur Exkretion von **Adrenalin** und **Noradrenalin** angeregt. Die Folgen sind u. a. Blutdruckerhöhung durch Gefäßverengung, Erweiterung der Bronchien, Freisetzung von Fettreserven, Erhöhung des Blutzuckerspiegels sowie die Stimulation der Aufmerksamkeit.

Die **Hypophyse** steuert die weitere hormonelle Reaktion: Das Adrenocorticotrope Hormon (ACTH) stimuliert die Nebennierenrinde zur Freisetzung von **Cortisol**, das wiederum weitere Reserven an Atmungssubstraten wie Glucose, Fettbestandteile und Aminosäuren freisetzt. Die maximale Widerstandsfähigkeit ist jetzt erreicht. Es können optimale körperliche Reaktionen erfolgen, die zum Verbrauch der zusätzlich mobilisierten Ressourcen führen **(Eustress)**.

Bei lang anhaltender Wirkung von Stressoren **(Dauerstress)** ohne Erholungsphasen kommt es zur Erschöpfung mit Anpassungsproblemen und Erkrankungen wie chronisch hohem Blutdruck, Diabetes, Herz-Kreislauf-Erkrankungen, Schwächung des Immunsystems oder dauerhaften Entzündungen. Solche als **Distress** bezeichneten Erscheinungen sind typisch für Menschen, die körperlich wenig beansprucht werden und **ständig** physischem und sozialem Stress ausgesetzt sind.

Ökologie

6 Ökosysteme und Umweltfaktoren

Der Begriff **Ökologie** (gr. *oikos* = Haus; *logos* = Lehre) wurde 1866 von HAECKEL geprägt. Diese Teildisziplin der Biologie befasst sich mit den Wechselwirkungen und Wechselbeziehungen der Organismen zu ihrer **abiotischen** (unbelebten) und **biotischen** (belebten) Umwelt.
Die Grundlage eines **Ökosystems** ist das **Biotop** (gr. *bios* = Leben; lat. *topos* = Ort), ein relativ abgeschlossener Lebensraum mit konkreten **abiotischen**, das heißt z. B. klimatischen, geografischen und geologischen **Umweltfaktoren** (siehe S. 86 ff.). Die charakteristischen Lebensgemeinschaften verschiedenster Arten bilden die biotische Umwelt, die **Biozönose** (gr. *bios* = Leben; *koinos* = gemeinsam). Die Einflüsse, die die Organismen eines Ökosystems aufeinander ausüben, werden als **biotische Umweltfaktoren** bezeichnet (siehe S. 93 ff.).

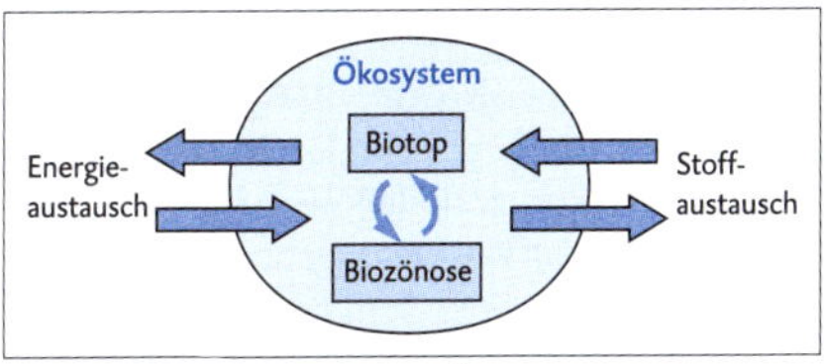

Schematische Darstellung eines Ökosystems

Zwischen den beiden Teilen eines Ökosystems gibt es dauernde Wechselwirkungen. Veränderungen des Biotops beeinflussen die Artenzusammensetzung der Lebensgemeinschaft. Andererseits wirkt sich auch die Lebenstätigkeit der Organismen auf das Biotop aus, z. B. durch die Ausbildung eines Mikroklimas oder die Veränderung des Bodens. Darüber hinaus sind Ökosysteme **offene Systeme**, d. h., sie stehen in ständigem Stoff- und Energieaustausch mit ihrer Umgebung.
Je nachdem, auf welcher Ebene der Ökosysteme die ökologischen Betrachtungen stattfinden, kann man die Ökologie in drei Teildisziplinen gliedern:

- **Autökologie:** Untersuchung der Wechselbeziehungen der Individuen einer Art mit ihrer abiotischen und biotischen Umwelt.

- **Populationsökologie** (auch: **Demökologie**): Untersuchung der Wechselbeziehungen zwischen den Populationen (siehe S. 96 ff.) einer Art und ihrer abiotischen und biotischen Umwelt.
- **Synökologie:** Untersuchung der Wechselbeziehungen innerhalb der Lebensgemeinschaften (Biozönosen) und mit ihrer abiotischen Umwelt.

6.1 Biotope und abiotische Umweltfaktoren

Ein Biotop ist durch zahlreiche **abiotische Umweltfaktoren** gekennzeichnet, die meist miteinander in Wechselwirkung stehen. Die wichtigsten **Klimafaktoren** sind Licht, Temperatur, Wasserversorgung und Wind. Bei den **Bodenfaktoren** sind von der Bodenart abhängige Bedingungen wie pH-Wert, Mineralsalzgehalt und Bodenwasser wichtige Größen.

Licht

Intensität, Qualität und Dauer (Periodizität) der Sonneneinstrahlung haben einen direkten Einfluss auf Pflanzen und Tiere. Indirekt wird durch die Wärmestrahlung auch der Faktor Temperatur beeinflusst.

Nahezu alle **Tiere** orientieren sich mithilfe verschiedener Lichtsinnesorgane in ihrer Umwelt. Durch entsprechende neurohormonelle Regelungen („innere Uhr") ist Licht der Taktgeber für tages- und jahreszeitliche **Rhythmen** (Fotoperiodik) wie Schlaf- und Wachphasen, Fortpflanzungszyklen oder Wanderungsbewegungen.

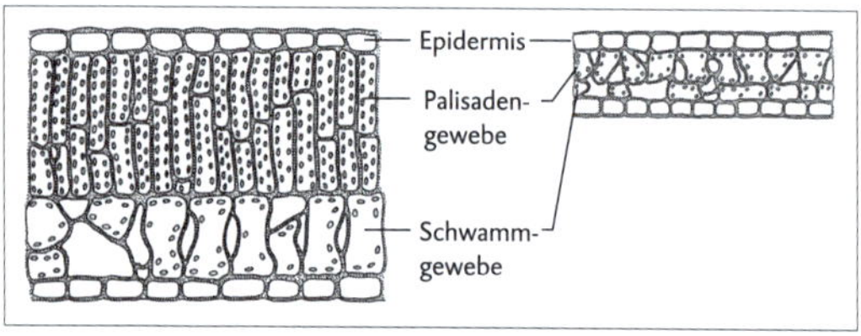

Sonnenblatt (links) und Schattenblatt (rechts)

Für **Pflanzen** ist die elementare Funktion des Lichts, dass es die Energiequelle für die Fotosynthese darstellt (siehe S. 30 ff.). Zur optimalen Ausnutzung unterschiedlicher Sonneneinstrahlung können sich bei ein und derselben Pflanzenart an unterschiedlichen Standorten und oft so-

gar auch an einer Pflanze z. B. unterschiedliche Wuchsformen von Blättern ausbilden. **Sonnenblätter (Lichtblätter)** weisen u. a. eine geringere Fläche, eine stärkere Palisadengewebsschicht, mehr Chloroplasten und kleinere Interzellularräume auf als **Schattenblätter**.
Die Angepasstheit von **Schattenpflanzen**, d. h. speziell an schattige Standorte angepasste Pflanzenarten, besteht unter anderem darin, dass bereits bei niedrigen Lichtintensitäten der sog. **Lichtkompensationspunkt** erreicht wird. Ab diesem Punkt beginnt die Bruttoproduktion von Biomasse, d. h., mehr Biomasse wird durch Fotosynthese auf- als durch Atmung abgebaut (siehe auch S. 30). Allerdings können Schattenpflanzen hohe Lichtintensitäten nicht nutzen, sodass die Fotosyntheseleistung mit zunehmender Sonneneinstrahlung nicht weiter gesteigert werden kann oder sogar abnimmt. **Sonnenpflanzen** erreichen dagegen den Lichtkompensationspunkt, aber auch die **Lichtsättigung** erst bei höheren Lichtintensitäten.
Die Entwicklung vieler Pflanzen ist von der täglichen Belichtungsdauer abhängig. Viele unserer einheimischen Arten (z. B. Getreidearten und Erbsen) sind **Langtagpflanzen**, die in ihrer Hauptvegetationsperiode (Sommer) eine tägliche Belichtungsdauer von mehr als 12 Stunden erhalten und diese auch für Wachstum, Blütenbildung und Fruchtentwicklung benötigen. An die kürzeren Tage in den Tropen angepasste Pflanzen wie Reis, Hirse, Hanf und Soja werden als **Kurztagpflanzen** bezeichnet und benötigen für ihre normale Entwicklung eine artspezifische Dunkelperiode von mehr als 12 Stunden in ihrem Tagesrhythmus. **Tagneutrale Pflanzen** wie z. B. das Gänseblümchen sind von dieser Art der Fotoperiodik nicht abhängig und entwickeln sich bei günstigen Bedingungen immer.

Temperatur

Der größte Teil des von der Erdoberfläche absorbierten Sonnenlichts wird in **Wärmestrahlung** umgewandelt. Damit lässt sich ein natürlicher Zusammenhang zwischen Lichtintensität und Wärme herstellen. Außer in der Äquatorialzone mit ihrer relativ gleichmäßigen, hohen Temperatur gibt es auf der Erde kaum Gebiete, in denen die Temperaturen nicht tagesrhythmisch oder saisonal schwanken, sodass Anpassungen notwendig werden.

Stoffwechselgesteuerte Wärmeregulation gibt es nur bei **gleichwarmen** (auch: **homoiothermen, hömöothermen, endothermen**) **Tieren** (Vögel und Säugetiere). Ihre Körpertemperatur wird durch ein Regulationszentrum im Gehirn weitgehend unabhängig von der Umgebungstemperatur relativ konstant gehalten. **Wechselwarme** (auch: **poikilotherme, ektotherme**) **Tiere** können ihre Körpertemperatur nur durch verändertes Verhalten anpassen (z. B. Aufwärmen in der Sonne, Abkühlen durch Abspreizen von Extremitäten, Fächeln usw.). Dass die Gleichwarmen in einem wesentlich größeren Temperaturbereich aktiv sein können als die Wechselwarmen, „erkaufen" sie sich durch einen sehr viel höheren Energiebedarf.

Bei zu hohen Temperaturen müssen Tiere vor allem **Wasserverluste** vermeiden (siehe S. 89). Bei niedrigen Außentemperaturen ist das Verhältnis von Energieverlust durch Wärmeabstrahlung zur Energieaufnahme durch die **Nahrung** entscheidend. Um **Wärmeverluste** zu minimieren, besitzen viele Tiere isolierende Fettschichten (z. B. Robben) und/oder bilden ein besonderes Winterfell aus.

Die **BERGMANNsche Regel** (auch: **Größenregel**) besagt, dass die Individuen gleichwarmer Tierarten, die in kalten Klimazonen vorkommen, größer sind als die Individuen verwandter Arten, die in wärmeren Regionen beheimatet sind. Dies beruht auf der Tatsache, dass größere Organismen im Vergleich zum Volumen eine kleinere Oberfläche besitzen (günstigeres Oberfläche-Volumen-Verhältnis) und die Wärmeabstrahlung so relativ geringer ist.

Beispiel für die BERGMANNsche-Regel

Nach der **ALLENschen Regel** (auch: **Proportionsregel**) sind bei den Individuen kälteangepasster Tierarten die Körperanhänge (z. B. Nase, Ohren, Schwanz) kürzer als bei Individuen verwandter Arten aus wärmeren Klimaten. Auch dadurch ist die Wärmeabstrahlung verringert.

Droht ein durch Wärme oder Kälte bedingtes verringertes Nahrungsangebot, werden **Energiereserven** angelegt und/oder es kommt zu Wanderungsbewegungen. Gleichwarme Tiere können Kälteperioden auch durch **Winterruhe** oder **Winterschlaf** überdauern. Dabei kommt es zu einer hormongesteuerten Absenkung des Stoffwechsels. Die Körpertemperatur, die Atem- und die Herzfrequenz und damit der Energieverbrauch werden oft drastisch gesenkt. Wirbellose verfallen in **Kältestarre**, bei der dem Einfrieren der Körperflüssigkeiten durch eine hohe Elektrolytkonzentration des Zytoplasmas entgegengewirkt wird.

Die Temperatur beeinflusst die Fotosyntheseleistung der **Pflanzen** über die allgemeine Temperaturabhängigkeit von Enzymreaktionen nach der **RGT-Regel** (siehe S. 27). Außerdem beeinflussen hohe Temperaturen den Wasserhaushalt der Pflanzen und damit indirekt die Fotosynthese (siehe S. 30 ff.). Vor **Kälte** während der Vegetationsperiode können Pflanzen beispielsweise durch hohe Glucosekonzentrationen des Plasmas (Frostschutzmittel), isolierende tote Gewebeteile (Haare an der Oberfläche) und niedrigen Wuchs geschützt sein. Frost- oder extreme Trockenperioden überstehen einzelne gut geschützte Pflanzenteile (z. B. verholzter Spross, Spross- und Wurzelknollen), aus denen sich bei Besserung der Bedingungen die gesamte Pflanze regeneriert. In manchen Fällen überdauern auch nur die Pflanzensamen.

Wasser

Wasser besitzt elementare Funktionen in der Strukturbildung und im Stoffwechsel aller Organismen. Die Temperatur beeinflusst in der Regel stark das Verhältnis von Niederschlag und Verdunstung und damit die für die Lebewesen verfügbare Wassermenge. Die Anpassungen an ein geringes Wasserangebot und an extreme Temperaturen sind daher oft gekoppelt.

Viele **Tiere** sind an Trockenperioden oder Gebiete angepasst, in denen keine freien Wasserflächen vorhanden sind. Wasser wird teilweise nur über die Nahrung oder über Tau aufgenommen. Zur Vermeidung von Wasserverlusten sind diese Tiere häufig nachtaktiv, leben unterirdisch und geben trockene Exkremente sowie stark konzentrierten Urin ab. Trockenheit kann auch saisonale Wanderbewegungen (z. B. den Zug europäischer Vögel von Afrika zurück in ihre Brutgebiete) oder die Deaktivierung des Stoffwechsels ähnlich dem Winterschlaf (Lethargie) auslösen.

Als Formen der Anpassung an verschiedene Temperaturen und Wasserversorgungen gibt es bei **Pflanzen** unterschiedliche **Ökotypen:**

- **Hydrophyten** sind freischwimmende oder festsitzende (Unter-) Wasserpflanzen, bei denen Gasaustausch und Stoffaufnahme über die gesamte Oberfläche erfolgen. Cuticula und Epidermis sind nur schwach entwickelt, Leitgewebe und Wurzeln sind kaum ausgebildet.

- Die hohe Luftfeuchte in ihrem Lebensraum erschwert den an feuchte Standorte angepassten **Hygrophyten** die Transpiration. Durch große Blätter, lebende Haare und Ausstülpungen ist daher die Oberfläche stark vergrößert und die Spaltöffnungen sind herausgehoben. Auch hier sind Epidermis und Cuticula nur schwach entwickelt.
- Die **Mesophyten** unserer Breiten stehen zwischen Hygrophyten und Xerophyten. Sie haben in der Regel große, im Querschnitt symmetrische Blätter mit geringer Behaarung und mitteldicker Cuticula.
- **Xerophyten** sind an den starken Wassermangel z. B. in Wüsten oder Frostzonen des Hochgebirges angepasst. Die vielen kleinen harten Blätter sind oft rundlich oder eingerollt und haben eine starke Epidermis sowie eine dicke Cuticula. Die Spaltöffnungen sind oft versenkt und ein dichter Filz toter, weißer Haare sorgt für Wärme- und Verdunstungsschutz. Das Wurzelwerk ist in der Regel stark ausgeprägt und reicht tief in den Untergrund hinein. Auch die Fotosynthese ist den besonderen Bedingungen angepasst (siehe S. 39). **Sukkulenten** haben zusätzlich Spross, Blätter oder Wurzeln zu Wasserspeichergeweben ausgebildet.

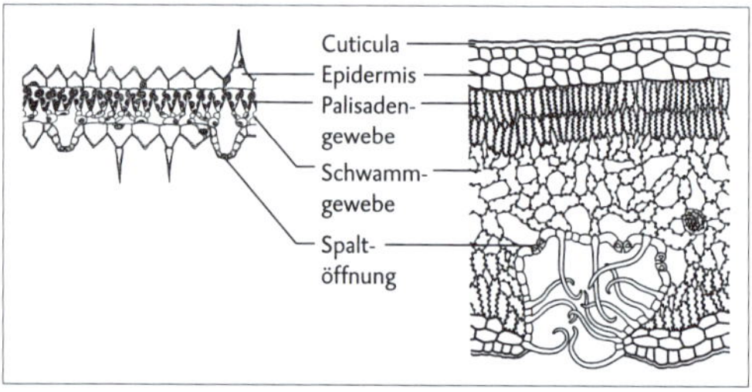

Blatt eines Hygrophyten (links) und eines Xerophyten (rechts)

Boden

Der Boden ist die oberste Verwitterungsschicht der Gesteinshülle der Erde, die durch Klimafaktoren und Bodenorganismen geformt wird.
Je nach **Bodenart** variieren beispielsweise das Wasserhaltevermögen, die Durchwurzelbarkeit und der Mineralsalzgehalt.
Die meisten Landpflanzen nehmen die zum Aufbau der körpereigenen Stoffe notwendigen Ionen (z. B. NO_3^-, SO_4^{2-}, PO_4^{3-}, Mg^{2+}, K^+, Na^+) aus dem Bodenwasser auf. Der **Mineralsalzgehalt** des Bodens ist daher entscheidend für eine optimale Entwicklung. Die Verfügbarkeit der Mineralsalze wird u. a. durch den **pH-Wert** des Bodens bestimmt. In ex-

trem sauren oder basischen Böden können bestimmte unlösliche Verbindungen entstehen, die die Aufnahme von Nährstoffen durch die Wurzeln erschweren. Der pH-Wert, also der Säuregehalt des Bodens, ist wiederum vom Ausgangsgestein, von äußeren Einflüssen (z. B. saurem Regen) und durch Staunässe hervorgerufenen Fäulnisprozessen abhängig. Die meisten Organismen besitzen ihr physiologisches Optimum im Bereich **neutraler** Böden (pH 7 ± 0,5). Dies sind meist Lehmböden mit einer guten Humusanreicherung. **Humus** besteht aus sich zersetzenden organischen Abfallstoffen; er hat einen positiven Einfluss auf die Wasserspeicherfähigkeit und die Mineralstoffbindung und wirkt als natürlicher Puffer zur pH-Wert-Stabilisierung.

Physiologische Toleranzbereiche und ökologische Potenz

Für alle lebenden Organismen gibt es in Bezug auf jeden der bisher beschriebenen abiotischen Umweltfaktoren einen sogenannten **Toleranzbereich**, in dem sie existenzfähig sind. Dieser ist in Form einer **Optimumkurve** (auch: **Toleranzkurve**) darstellbar. Die obere Toleranzgrenze wird als **Maximum**, die untere als **Minimum** bezeichnet. Die Bereiche, in denen die Vitalität (Lebenskraft) des Organismus eingeschränkt ist, sodass er zwar noch überlebens-, aber nicht mehr fortpflanzungsfähig ist, werden als **Pessima** (Singular: **Pessimum**) bezeichnet. Die bevorzugte Ausprägung des betrachteten Umweltfaktors, also der Wert, bei dem sich der betrachtete Organismus am besten entwickelt, ist das **Optimum**. Der Bereich um das Optimum herum wird **Präferenzbereich** genannt. Organismen, die sich in ihrem Ökosystem frei bewegen können, suchen stets den Bereich auf, der ihren Umweltansprüchen am besten entspricht.

Die Lage und die Breite des Toleranzbereichs sind für eine Art genetisch und physiologisch festgelegt und werden als **physiologische Potenz** bezeichnet, das entsprechende Optimum als **physiologisches Optimum**. Lebewesen mit einem engen Toleranzbereich bezüglich eines oder mehrerer Faktoren werden **stenopotent** (auch: **stenök**) genannt. Organismen mit einem breiten Toleranzbereich nennt man **eurypotent** (auch: **euryök**).

Die in realen Ökosystemen herrschende komplexe Wechselwirkung verschiedener Umweltfaktoren modifiziert die physiologische Potenz zur **ökologischen Potenz**. Im Extremfall können durch den Einfluss anderer Faktoren, z. B. durch interspezifische Konkurrenz um Licht bei Pflanzen, die Optima bezüglich des beobachteten Faktors verringert oder sogar in die physiologischen Pessima verschoben werden.

Da immer ein Komplex von ökologischen Faktoren vorhanden ist, wirkt sich derjenige Faktor am stärksten begrenzend aus, der in seiner aktuellen Größe am weitesten vom Optimum entfernt ist. Diesen Zusammenhang beschreibt das von LIEBIG aufgestellte **Gesetz vom Minimum**.

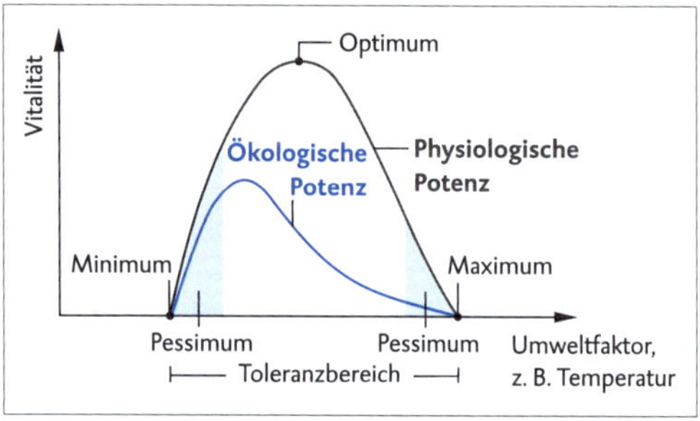

Optimumkurve

Bei manchen Organismenarten wird das Vorkommen vor allem von einem bestimmten Umweltfaktor beschränkt, d. h., sie weisen gegenüber diesem Faktor einen sehr engen Toleranzbereich auf. Diese als **Bioindikatoren** (auch: **Zeigerorganismen, Indikatororganismen**) bezeichneten Lebewesen liefern wertvolle Hinweise auf die Ausprägung des betrachteten Umweltfaktors innerhalb eines Ökosystems.

Gruppe	Bodeneigenschaften	Pflanzenarten (Beispiele)
halophile Pflanzen (Halophyten)	Salzgehalt > 0,5 %	Queller, Salzmelde
basidophile Pflanzen (Basiphyten)	pH > 7,5	Frühlings-Adonisröschen, Huflattich
azidophile Pflanzen (Azidophyten)	pH < 5,5	Schachtelhalme, Heidekraut, Binsen, Riedgräser
nitrophile Pflanzen	hoher Stickstoffgehalt	Brennnessel, Gefleckte Taubnessel

Beispiele für Zeigerpflanzen

6.2 Biozönosen und biotische Umweltfaktoren

Innerhalb einer Biozönose gibt es **intraspezifische** Wechselbeziehungen, d.h. zwischen Individuen oder Populationen (siehe S. 96ff.) der gleichen Art, und **interspezifische Wechselbeziehungen**, d.h. zwischen Individuen oder Populationen unterschiedlicher Arten.
Die Individuen einer Art stehen dabei miteinander unter anderem in direkter Konkurrenz um abiotische und biotische Ressourcen. Die Spannweite der Beziehungen von Organismen unterschiedlicher Arten ist sehr groß und reicht von Symbiosen mit gegenseitigem Vorteil bis zu Antibiosen (physische Beeinträchtigung/Vernichtung durch Konkurrenz, Parasitismus und Episitismus).

Konkurrenz und ökologische Nische

- **Intraspezifische (innerartliche) Konkurrenz:** Organismen einer Art konkurrieren in einem Ökosystem um begrenzte Ressourcen und Geschlechtspartner (Weitergabe der eigenen Gene). Die Bildung fester **Sozialstrukturen** mit Festlegung der Fortpflanzungsreihenfolge (z.B. Wolfsrudel), die **Wanderungen** und/oder Teilungen von Populationen (z.B. Lemminge, Bienenvölker) oder die **Revierbildung** (z.B. Raubtiere, Affen) sind Strategien zur Verringerung der Konkurrenz innerhalb einer Population bzw. einer Art (siehe (2) S. 86).
  Die innerartliche Konkurrenz ist aber auch häufig eine Triebfeder bei der Herausbildung neuer Arten (siehe (2) S. 97f.).
- **Interspezifische (zwischenartliche) Konkurrenz:** Interspezifische Konkurrenz um begrenzte Ressourcen liegt vor, wenn zwei oder mehrere Arten ähnliche Ansprüche an ihre Umwelt stellen. Zur **Konkurrenzvermeidung** nimmt im Allgemeinen jede Art eines Ökosystems in dessen komplexem Beziehungsgefüge eine bestimmte Position ein, die allgemein als **ökologische Nische** bezeichnet wird. Zwei Arten mit genau gleichen Ansprüchen können auf Dauer nicht miteinander in einem Ökosystem existieren, man spricht vom **Konkurrenzausschlussprinzip**. Das bedeutet mit anderen Worten, dass jede ökologische Nische in einem Ökosystem nur einmal besetzt sein kann. Die **Einnischung** einer Art resultiert aus evolutionsbiologischen Anpassungsprozessen an spezifische abiotische und biotische Umweltbedingungen und äußert sich in verschiedenen Nahrungs- oder Temperaturansprüchen, Fortpflanzungsstrategien etc. Nur durch Konkurrenzvermeidung kann es zur **Koexistenz** von Arten innerhalb eines Ökosystems kommen.

Dem Begriff der **fundamentalen Nische** wird der Begriff der **realisierten Nische** (auch: **Realnische**) gegenübergestellt. Während die fundamentale Nische die für die Existenz einer Art in einem Ökosystem optimale ökologische Nische bezeichnet, beschreibt die realisierte Nische den „Bereich" der fundamentalen Nische, den eine Art unter dem Einfluss von Konkurrenz tatsächlich belegen kann.

Ökologische Nischen besitzen immer einen dynamischen Charakter, da sich sowohl die Umweltbedingungen als auch die Artenzusammensetzung eines Ökosystems ständig ändern.
Auf keinen Fall darf der Begriff der ökologischen Nische mit den Begriffen **Habitat** (Tiere) oder **Standort** (Pflanzen) verwechselt/gleichgesetzt werden, die den räumlichen Lebensbereich von Arten bezeichnen.

Symbiose und Kommensalismus

- **Symbiose:** Als Symbiose wird das Zusammenleben von Individuen zweier Arten zum gegenseitigen Vorteil bezeichnet. Dabei kommen unterschiedliche Formen der gegenseitigen Abhängigkeit vor. Unter dem Begriff **Mutualismus** werden symbiotische Beziehungen zusammengefasst, die nicht lebensnotwendig sind und zeitweise wieder gelöst werden können (z. B. Einsiedlerkrebs und Seeanemone). Unter **Eusymbiose** versteht man eine Symbiose mit physischer Abhängigkeit, bei der die eine Art ohne die andere nicht existieren könnte. So werden einige tropische Orchideenarten nur von ganz bestimmten Schmetterlingsarten bestäubt, und Blattschneiderameisen kultivieren einen nur in ihrem Bau existenzfähigen Pilz, der ihnen als Nahrungsgrundlage dient.
  Lebt einer der Symbiosepartner **(Symbiont)** im anderen Symbiosepartner **(Wirt)**, so spricht man von **Endosymbiose**, andernfalls von **Ektosymbiose**.
- **Kommensalismus** (auch: **Parabiose, Karpose**): Dabei handelt es sich um eine Form des Zusammenlebens von Individuen zweier Arten, aus dem nur einer der Partner einen Vorteil zieht, das dem anderen aber zumindest nicht schadet. Ein Beispiel für Kommensalismus ist das Verhältnis von Aasfressern und Raubtieren, bei dem die Aasfresser von den Überresten der Mahlzeiten der Raubtiere leben.

Parasitismus

Ein **Parasit** lebt auf Kosten eines Wirtsorganismus, der beispielsweise durch Entzug von Nährstoffen oder durch die Zerstörung von Organen und Geweben geschädigt wird. Im Normalfall wird der Wirt dabei je-

doch nicht so weit geschädigt, dass er abstirbt. **Parasitoide** wie einige Schlupfwespenarten dagegen töten ihre Wirte, wenn sie ihren jeweiligen Lebenszyklus vollendet haben.
Parasiten gibt es bei Bakterien, Pilzen, Pflanzen und Tieren. Man unterscheidet unter anderem:

- **fakultative** Parasiten, die nicht zwingend auf ihren Wirt angewiesen sind (z. B. viele an Bäumen parasitierende Pilze), und **obligate** Parasiten, die ihren Wirtsorganismus für ihre Vermehrung und Entwicklung brauchen (z. B. Bandwürmer, Trichinen, Stechmücken);
- **Endoparasiten**, die im Inneren des Wirtes leben (z. B. Bandwürmer, Leberegel), und **Ektoparasiten**, die auf der Körperoberfläche des Wirts vorkommen (z. B. Läuse, blutsaugende Insekten, Blutegel);
- bei Pflanzen **Holoparasiten** (Vollparasiten) ohne eigene Fotosynthese, die alle benötigten Nährstoffe ihren Wirtspflanzen entziehen (z. B. Sommerwurz, Schuppenwurz) und **Hemiparasiten** (Halbparasiten) mit eigener Fotosynthese, die nur Wasser und Nährsalze von ihrem Wirt beziehen (z. B. Mistel, Augentrost).

Episitismus

Bei dieser räuberischen Lebensweise tötet der **Räuber** (auch: Fressfeind, Beutegreifer, Prädator) seinen **Beuteorganismus**. Dabei entsteht meist ein charakteristisches **Räuber-Beute-Verhältnis** (siehe S. 100). Sowohl Räuber als auch Beute weisen eine Reihe von zum Teil ähnlichen Anpassungen zur Jagd bzw. zur Abwehr auf.

Anpassungen der Räuber	Anpassungen der Beute
• Tarntrachten (z. B. Fellfarbe von Raubtieren)	• Tarntrachten (z. B. Fellfarbe von Kleinsäugern) Sonderfall **Mimese:** Nachahmung von Naturobjekten (z. B. Stabheuschrecken) • Schrecktrachten (z. B. Augenfalter) • Warntrachten (z. B. Wespen) • **Mimikry:** Nachahmung wehrhafter oder ungenießbarer Tiere (z. B. Schwebfliegen)

• Jagdstrategien, verbunden mit speziellen Verhaltensmustern (z. B. Lauern, Anschleichen, Gruppenjagd)	• Schutzstrategien, verbunden mit speziellen Verhaltensmustern (z. B. Verharren, Nachtaktivität)
• spezielle Sinnesorgane (z. B. hoch entwickelter Geruchsinn, Raubvogelauge)	• spezielle Sinnesorgane (z. B. besondere Wahrnehmung von Erschütterungen und Geruch)
• Gifte (z. B. Spinnen, Schlangen)	• Gifte und Bitterstoffe (z. B. Kröten, Kartoffelkäfer)

Anpassungen von Räuber- und Beuteorganismen

6.3 Populationsdynamik

Als **Population** bezeichnet man alle Individuen einer Art (d. h. Individuen, die sich fruchtbar miteinander fortpflanzen können), die zur gleichen Zeit im gleichen Raum leben. Im einfachsten Fall besteht eine Art aus nur einer Population.
Populationen werden beispielsweise charakterisiert durch ihre **Populationsdichte** (**Abundanz**, z. B. Individuenzahl pro Fläche), die **Verteilung** ihrer Individuen im Biotop (**Dispersion**; zufällig, regulär, geklumpt), die **Wachstumsrate** und die **Altersstruktur**. Das **Geschlechterverhältnis** in einer Population stellt einen erheblichen wachstumsregulierenden Faktor dar, da es oft über die Anzahl und Qualität der Nachkommen (♀) oder die Revierbildung (♂) entscheidet. Für den Fortbestand einer Population sind auch die **Variabilität**, d. h. individuelle Abweichungen auf der Grundlage genetischer Unterschiede, oder genetisch begrenzte Umweltanpassungen (Modifikationen) entscheidend (siehe (2) S. 88 ff.).

Populationswachstum

Das Wachstum einer Population wird bestimmt durch ihre **Wachstumsrate** (r), also durch die Differenz aus Geburtenrate (Natalität) und Sterberate (Mortalität). Sind die Ressourcen in einem Lebensraum nicht begrenzend, kann es zu einem **exponentiellen Wachstum** kommen. Die Nachkommen einer Generation produzieren dabei immer wieder im gleichen Umfang Nachkommen, ohne dass die Mortalität in dieser Phase zunimmt. Die Populationsentwicklung berechnet sich bei konstanter Wachstumsrate wie folgt:

$N = N_0 \cdot e^{rt}$

N_0	Ausgangspopulationsgröße
N	Populationsgröße nach t
e	Basis des natürlichen Logarithmus (2,718)
r	Wachstumsrate
t	verstrichene Zeit

Meist ist die natürliche Populationsentwicklung aber durch verschiedene Umweltfaktoren begrenzt und folgt nach der **Anlaufphase** (lag-Phase) und einer kurzen **exponentiellen Wachstumsphase** (log-Phase) einer **logistischen Wachstumsform** mit einem sigmoid verlaufenden Graphen, der sich dem durch die **Umweltkapazität (K)** bestimmten Grenzwert annähert **(stationäre Phase)**. Die Kapazität eines Lebensraums ist sein maximales dauerhaftes Fassungsvermögen an Individuen einer Art und wird durch die Verfügbarkeit limitierter Ressourcen wie Raum oder Nahrungsangebot bestimmt. Nach dem Erreichen der maximalen Individuenzahl für eine bestimmte Umwelt kann es zu einer **Absterbephase** kommen. In der Natur stellt sich meist ein dynamisches Gleichgewicht zwischen Natalität und Mortalität ein **(fluktuierendes Wachstum)**.

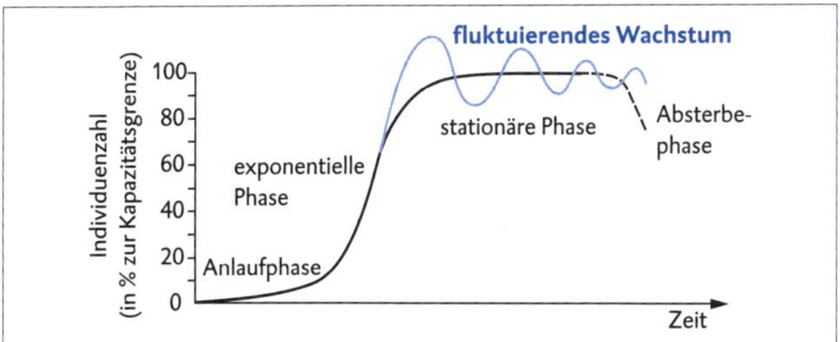

Phasen der Populationsentwicklung

Bei einem exponentiellen Wachstum erhöht sich die Individuenzahl jeweils in einem konstanten Zeitraum um denselben Faktor. Betrachtet man die **Populationsentwicklung des Menschen** im Verlauf der letzten Jahrhunderte, so fällt auf, dass sich die Zeitschritte, innerhalb derer es zu einer Erhöhung um einen bestimmten Faktor kam, immer weiter verkürzt haben. In einem solchen Fall spricht man von einem **superexponentiellen Wachstum**. Die Gründe dafür sind z. B. die Verringerung der Sterberate durch die verbesserte medizinische Versorgung und die Steigerung der Agrarproduktion.

Fortpflanzungsstrategien

Im Verlauf der Evolution haben sich zwei genetisch festgelegte Grundstrategien zur Besiedlung von Habitaten herausgebildet:

- **r-Strategen** sind durch hohe Wachstumsraten (r) gekennzeichnete Erstbesiedler von neu entstandenen Lebensräumen oder von Habitaten mit stark schwankenden Bedingungen. Ihre Populationsdichten ändern sich stark, da sie die natürlichen Ressourcen recht schnell verbrauchen, sodass die Population durch Absterben oder Auswandern wieder drastisch verringert wird.
- **K-Strategen** sind dagegen oft Dauerbesiedler von Ökosystemen im Gleichgewicht. Sie erreichen die Kapazitätsgrenze (Umweltkapazität K) langsam und sind optimal an die herrschenden Faktoren angepasst.

Typ	Merkmale	Beispiele
r	• hohe Wachstumsrate, hohe Sterblichkeit • viele, aber „schlecht ausgestattete“ Nachkommen, wenig elterliche Fürsorge • kurze Lebensdauer, frühe erste Reproduktion • oft spezialisiert (Klima, Nahrung) • starke Verbreitungstendenz (Windverbreitung, Wanderung)	• Birke • Pappel • Wühlmaus • Blattläuse
K	• geringe Wachstumsrate, geringe Sterblichkeit • weniger, aber gut ausgerüstete Nachkommen; intensive Brutpflege • hohe Lebenserwartung, späte erste Reproduktion • Effizienz bei Nahrungsverwertung • geringe Verbreitungstendenz	• Eiche • Kastanie • Elefanten • Primaten

Typische Merkmale von r- und K-Strategen

Die Übergänge zwischen diesen beiden Extremen sind fließend, weshalb eine eindeutige Zuordnung von Organismen in der Regel schwierig ist.

Populationsdichte

Die Populationsgröße unterliegt ständigen mehr oder weniger starken Schwankungen.

Die Schwankungsursachen können von der Dichte der Population abhängen und in einem Rückkopplungsprozess auf die Populationsdichte zurückwirken. In diesen Fällen spricht man von **dichteabhängigen**

Faktoren. Eine zunehmende Populationsdichte beispielsweise dezimiert die für die Gesamtpopulation verfügbare Nahrungsmenge. Weniger Nahrung bedeutet eine Verringerung der Wachstumsrate, wodurch die Populationsdichte wieder abnimmt (usw.; **negative Rückkopplung**). Andererseits erhöht sich durch eine zunehmende Populationsdichte in der Regel die Anzahl der verfügbaren Geschlechtspartner, was zu einer Erhöhung der Geburtenrate führt, was wiederum einen positiven Effekt auf die Populationsdichte hat (usw.; **positive Rückkopplung**). Diese Zusammenhänge können in **Regelkreisen (Kausalkreisen)** dargestellt werden.

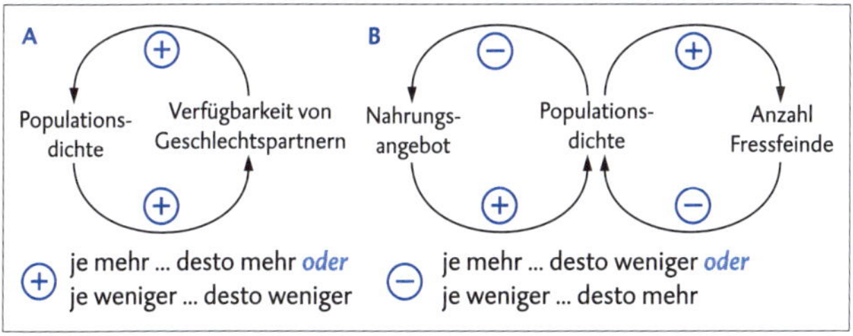

Regelkreise; A: positive Rückkopplung, B: negative Rückkopplung

Dichteunabhängige Faktoren, wie z. B. ungünstige Witterungsverhältnisse, können ebenfalls zu einer Veränderung der Populationsdichte führen. Hier besteht kein Rückkopplungseffekt zwischen Populationsgröße und wirkendem Umweltfaktor, d. h., die Veränderung der Populationsgröße hat z. B. keinen Einfluss auf das Klima.

Dichteabhängige Faktoren	Dichteunabhängige Faktoren
• Verfügbarkeit von Geschlechtspartnern • Verfügbarkeit von Nahrung • artspezifische Infektionskrankheiten • Verfügbarkeit von Lebensraum • Stress und Gedrängefaktoren • artspezifische Räuber und Parasiten	• Klima- und Bodenfaktoren • Qualität der Nahrung bei ausreichender Quantität • individuelle, nicht infektiöse Krankheiten • arttypische Räuber und Parasiten

Beispiele für dichteabhängige und dichteunabhängige Faktoren

Räuber-Beute-Verhältnis

Die Populationsentwicklung von **Räuberorganismen** ist stark von der Populationsentwicklung ihrer **Beute** abhängig und umgekehrt. In einem **idealisierten Räuber-Beute-Verhältnis**, bei dem unter anderem alle anderen Umweltfaktoren konstant bleiben und Räuber und Beute direkt voneinander abhängig sind (d. h., die betrachtete Räuberart ist der einzige Fressfeind der Beuteart und diese ist wiederum die einzige Nahrungsquelle der Räuber), gelten die drei **LOTKA-VOLTERRA-Regeln** (auch: **VOLTERRA-Regeln, LOTKA-VOLTERRA-Gesetze**):

- **1. LOTKA-VOLTERRA-Regel (Gesetz des periodischen Zyklus):** Die Populationskurven von Räuber und Beute schwanken periodisch. Dabei folgen die Maxima der Räuberpopulation phasenverzögert denen der Beutepopulation.
- **2. LOTKA-VOLTERRA-Regel (Gesetz von der Erhaltung der Mittelwerte):** Die durchschnittliche Größe (Mittelwert) beider Populationen ist über größere Zeiträume hinweg gesehen relativ konstant, wobei die der Beute- über der der Räuberpopulation liegt.
- **3. LOTKA-VOLTERRA-Regel (Gesetz von der Störung der Mittelwerte):** Werden Räuber und Beute gleichermaßen und zeitlich begrenzt durch äußere Einflüsse in ihrer Entwicklung gestört, erholt sich die Beutepopulation schneller als die Räuberpopulation.

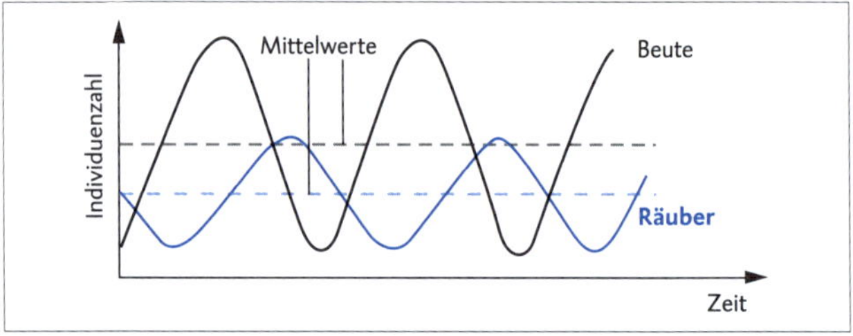

Idealisiertes Diagramm zum Räuber-Beute-Verhältnis

Die Abhängigkeit der Populationskurven ist dadurch zu erklären, dass es durch ein Anwachsen der Beutepopulation zu einer Erhöhung des Nahrungsangebots für die Räuber kommt, deren Population daraufhin wächst. Die Vergrößerung der Räuberpopulation hat zur Folge, dass die Beutepopulation stärker dezimiert wird, wodurch es schließlich wieder zu einem Absinken der Räuberpopulation kommt, was wiederum einen Anstieg der Beutepopulation bedingt usw.

Auch wenn die für die Gültigkeit der LOTKA-VOLTERRA-Regeln nötigen Bedingungen in der Natur kaum anzutreffen sind, ermöglichen sie in vielen Fällen doch **brauchbare Abschätzungen** für die Entwicklungen in realen Räuber-Beute-Beziehungen.

6.4 Ökosysteme

Geht man von der **Biosphäre**, also der Gesamtheit der Lebensräume auf der Erde, aus, gibt es die drei Hauptlebensräume Festland, Binnengewässer und Ozeane, die sich wiederum in verschiedene kleinere **terrestrische, limnische und marine Ökosysteme** unterteilen lassen. Die Strukturen der einzelnen Ökosysteme orientieren sich im Raum und verändern sich dynamisch in unterschiedlichen Zeitdimensionen.

Raum-Zeit-Struktur des Ökosystems See in Mitteleuropa
Seen sind strukturierte Binnengewässer. Durch die Wirkung von Licht und Temperatur ergibt sich eine horizontale und vertikale **Zonierung**.

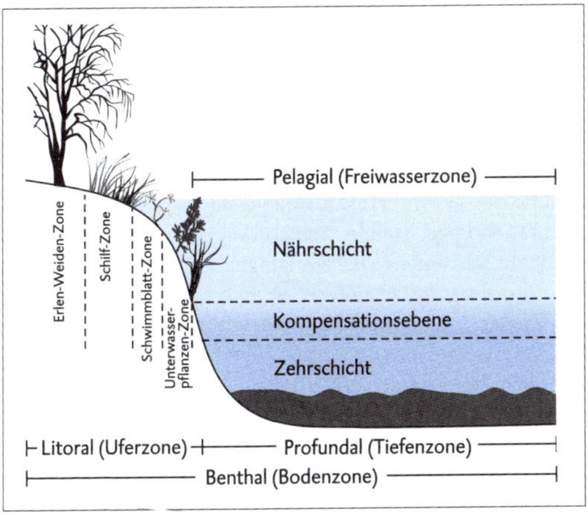

Profil eines mitteleuropäischen Sees

Sauerstoff und Biomasse produzierende Pflanzen und Plankton findet man nur in der oberen, lichtdurchfluteten Schicht der **Uferzone (Lito-**

ral) und des **Freiwassers (Pelagial)**, der sogenannten **Nährschicht**. Unterhalb einer **Kompensationsebene**, der lichtbedingten Grenze für die Fotosynthese, liegt die **Zehrschicht**. Hier leben die meisten Organismen heterotroph von der Biomasseproduktion der Nährschicht.

Ein entscheidender Faktor für das vom Element Wasser geprägte Ökosystem See ist die **Dichteanomalie des Wassers**. Normalerweise nimmt die Dichte (Masse/Volumen) eines Stoffs mit abnehmender Temperatur zu. Wasser dagegen hat seine größte Dichte bei ca. 4 °C, was auf der Wirkung von Wasserstoffbrückenbindungen zwischen den Wassermolekülen beruht. Die Dichteanomalie hat unter anderem zur Folge, dass ein Gewässer in der Regel immer von der Wasseroberfläche zum Boden hin zufriert, wodurch den Wasserlebewesen auch bei niedrigen Temperaturen das Überleben am Gewässergrund möglich ist.

Neben der lichtbedingten Schichtenbildung in einem See verändert sich seine vertikale Zonierung zusätzlich im Laufe der **Jahreszeiten** in Abhängigkeit von der Temperatur und den Windverhältnissen:

- **Sommer:** Im Sommer wird das **Epilimnion (Oberflächenwasser)** stark erwärmt. Da warmes Wasser eine geringere Dichte hat als kälteres und so auf den kälteren Schichten schwimmt, findet kaum Wärmeaustausch mit dem **Hypolimnion (Tiefenwasser)** statt. Im Oberflächenwasser kommt es zu einer **Teilzirkulation** des Wassers. Zwischen Oberflächen- und Tiefenwasser liegt meist in einer Tiefe von einigen Metern die **Sprungschicht (Metalimnion)**, in der eine rasche Abkühlung des Wassers festzustellen ist.
  Die temperaturabhängige stabile Schichtung von Wasser unterschiedlicher Dichte verhindert das Aufsteigen von Nährsalzen vom Seeboden und die Versorgung tieferer Wasserschichten mit Sauerstoff. Dieser Zustand wird als **Sommerstagnation** bezeichnet. Wenn die im Sommer anfallenden größeren Massen an totem organischem Material in der Zehrschicht abgebaut werden, kann dort der Sauerstoffmangel dramatische Formen annehmen (siehe S. 110 f.).
- **Herbst und Frühling:** Im Herbst und im Frühling gleicht sich die Temperatur des Oberflächen- und des Tiefenwassers durch Abkühlung bzw. Erwärmung aus. Wind kann die jetzt einsetzende **Vollzirkulation** (vollständige Durchmischung des Wasserkörpers) beschleunigen. Das gesamte Wasser hat in der Regel eine einheitliche Temperatur von ca. 4 °C, und die Sauerstoff- und Nährstoffversorgung ist in allen Bereichen des Sees gleich gut.

- **Winter:** Der Winter sorgt durch Wassertemperaturen von weniger als 4 °C an der Oberfläche und gleichmäßig in der Tiefe bis auf maximal 4 °C ansteigende Temperaturen wieder für eine (wenn auch schwächer ausgeprägte) dichtebedingte Schichtung der Wassermassen. Austauschvorgänge werden zusätzlich durch Eis auf der Oberfläche behindert. Dieser Zustand wird als **Winterstagnation** bezeichnet. Infolgedessen nimmt der Sauerstoffgehalt des Gewässers zum Boden hin stark ab, wenn auch nicht ganz so drastisch wie im Sommer. Dies liegt unter anderem daran, dass sich Sauerstoff in kaltem Wasser besser löst als in warmem und dass bei Kälte weniger sauerstoffverbrauchende Prozesse ablaufen.

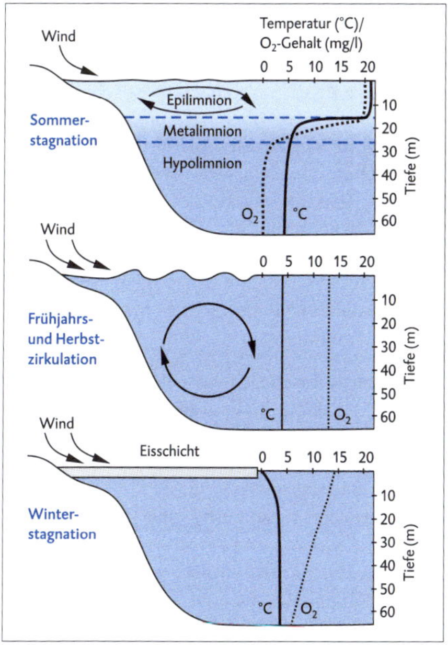

Jahreszeitliche Veränderungen der Zonierung in einem See

Ökosystem Fließgewässer

Im Vergleich zum Ökosystem See sind im Ökosystem **Fließgewässer** die jahreszeitlichen Schwankungen wesentlich weniger ausgeprägt.

Auch hier ist aber eine **Zonierung** in verschiedene Lebensbereiche zu erkennen, in diesem Fall vom Quellbereich zur Einmündung in einen See oder das Meer: Man unterscheidet zwischen dem **Oberlauf** (mit der Quelle), dem **Mittellauf**, dem **Unterlauf** und dem **Mündungsbereich**. Der Sauerstoffgehalt des Wassers nimmt in der Regel mit der Fließstrecke ab, während die Wassertemperatur zunimmt. Daher sind beispielsweise Fische, die auf sauerstoffreiches kaltes Wasser angewiesen sind (z. B. Forelle), in der Regel nur im Oberlauf anzutreffen.

Ökosystem mitteleuropäischer Wald

Prinzipiell kann zwischen dem Laubwald (hauptsächlich Laubbäume) und dem Nadelwald (überwiegend Nadelbäume) unterschieden werden. Bei einem Mischwald ist die Verteilung relativ ausgeglichen. Daneben ist je nach Standort und/oder anzutreffenden Pflanzengesellschaften eine weitere Differenzierung möglich (z. B. Au-, Rotbuchenwald).
Allen Waldformen gemein ist die Ausbildung charakteristischer **Stockwerke**. So lässt sich im Allgemeinen (von oben nach unten) die **Baumschicht** von der **Strauchschicht**, der **Krautschicht** und der **Moosschicht** unterscheiden. Zwischen den Schichten bestehen oft große Unterschiede bzgl. der Wirkung von Umweltfaktoren wie z. B. Licht und Wind. Bezüglich des Lichts in den unteren Stockwerken sind auch große jahreszeitliche Unterschiede zu erkennen: So ist die Belichtung der Krautschicht eines Laubwalds durch das dichte Blätterdach im Sommer wesentlich stärker eingeschränkt als in den übrigen Jahreszeiten.

Nahrungsbeziehungen

Alle Lebewesen eines Ökosystems lassen sich verschiedenen **Trophieebenen** (auch: **Trophiestufen**, **trophische Stufen**, Ernährungsstufen) zuordnen: den Produzenten, den Konsumenten und den Destruenten.
Die vor allem von den grünen Pflanzen als **Produzenten** (auch: **Primärproduzenten**) gebildete **Biomasse** ist die Basis für alle anderen Trophieebenen. **Konsumenten** der **1. Ordnung** sind Pflanzenfresser (Herbivore) und ernähren sich direkt von den Produzenten. Fleischfresser (Karnivore) sind Konsumenten **2. und höherer Ordnung.** Der Konsument, der letztendlich von keinem anderen Konsumenten mehr als Nahrung genutzt wird, wird auch als **Endkonsument** bezeichnet.
Die organischen Abfälle jeder Trophieebene werden durch die **Destruenten** aufgeschlossen (remineralisiert). Die Bodentiere, Pilze und Bakterien, die totes Material stufenweise abbauen, sind entweder **Saprovore** (auch: Saprophage), die tote Tiere oder Pflanzen teilweise zerset-

zen (z. B. Fliegenmaden, Pilze, Regenwürmer), oder **Mineralisierer**, die totes Material in seine anorganischen Grundbestandteile CO_2, H_2O und Mineralsalze zerlegen. Die anfallenden anorganischen Substanzen können schließlich über die Produzenten wieder in die Stoffkreisläufe des Ökosystems einfließen.

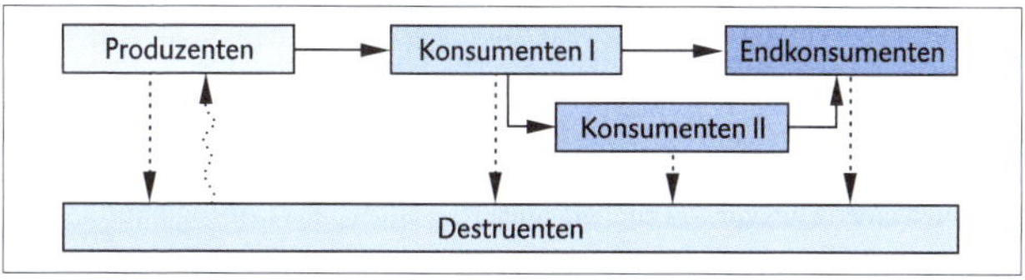

Nahrungsbeziehungen zwischen den Trophieebenen

In **Nahrungsketten** wird der Stoff- und Energiefluss linear von einem Nahrungskettenglied (in der Regel Arten oder Artengruppen) zum nächsten dargestellt.

Produzent	*Konsumentenglieder*		*Endkonsument*
Klee →	Blattkäfer →	Eidechse →	Greifvogel

Beispiel für eine Nahrungskette

In der Realität nutzen Organismen aber meist mehr als nur eine Nahrungsquelle bzw. sind selbst Nahrung für mehrere andere Arten. Einzelne Nahrungsketten sind daher nahezu immer in komplexen **Nahrungsnetzen** miteinander verbunden.

Beim Durchlauf der Nahrungsketten kommt es immer zu Biomasse- und Energieverlusten (siehe auch S. 106). In **Biomassepyramiden** wird deutlich, dass die Biomasse von einer Trophieebene zur nächsthöheren immer mehr abnimmt. Dadurch sind die in stabilen Ökosystemen auf den einzelnen Ebenen möglichen Individuenzahlen begrenzt.

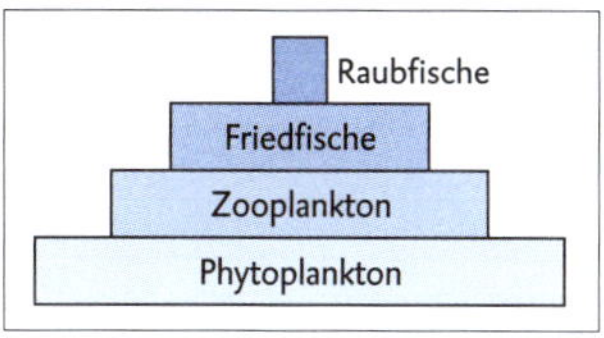

Biomassepyramide

Energiedurchfluss

Energetisch betrachtet sind Ökosysteme offene Systeme. Es herrscht ein ständiger Austausch von Energie mit der Umgebung. **Primärener-**

giequelle für das Leben auf der Erde ist das Sonnenlicht. Von der Gesamtlichtmenge absorbieren die Pflanzen etwa 2 %.

Von den Produzenten selbst wird ein beachtlicher Teil der im Primärprodukt Glucose enthaltenen Energie im eigenen Stoffwechsel genutzt (Atmung), und nur der Rest kann für den Aufbau eigener Biomasse verwendet werden (Nettoprimärproduktion, siehe auch S. 30). Da kein biochemischer Prozess mit einem Wirkungsgrad von 100 % abläuft, geht auch immer ein bestimmter Anteil der Energie als **Wärme** irreversibel für das System verloren und wird abgestrahlt.

Auch beim Übergang in die nächste Trophieebene gibt es Verluste an verwertbarer Energie, da die organischen Stoffe erst energieaufwendig umgewandelt und in neuer Form in den Organismus der Konsumenten eingebaut werden müssen. Auch für den Betrieb ihres übrigen Stoffwechsels benötigen die Konsumenten Energie. Auf jeder Trophieebene gibt es weitere Biomasse- und Energieverluste durch abgestorbene und unverdauliche Organismenteile oder den Tod von Lebewesen. Diese „Abfälle" können teilweise von den Destruenten verwertet werden. Der **Energieverlust** beträgt so auf jeder Trophiestufe bis zu 90 %. Das bedeutet, dass die **ökologische Effizienz** der Biomasseverwertung durch die Konsumenten mit nur etwa **10 %** relativ gering ist.

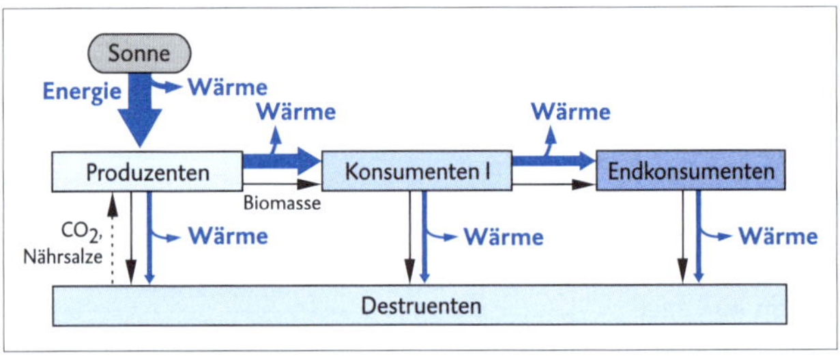

Stoff- und Energiefluss in Ökosystemen

Stoffkreisläufe

Wenn man den Austausch mit benachbarten Systemen vernachlässigt, gibt es in einem Ökosystem für alle Stoffe geschlossene Kreisläufe, die im Wesentlichen über die drei Trophieebenen ablaufen. Die Kreisläufe von Kohlenstoff und Stickstoff sind dabei von besonderer Bedeutung.

- **Kohlenstoffkreislauf:** Kohlenstoff liegt zum Großteil gebunden in organischen Molekülen (Kohlenhydraten, Proteinen usw.) vor. Dissimilationsprozesse (siehe S. 29 f.) auf allen Trophieebenen setzen daraus Kohlenstoffdioxid (CO_2) in die Atmosphäre frei. Das CO_2 wird während der Fotosynthese der Produzenten wieder assimiliert. Ein Teil des CO_2 liegt aber auch im Wasser der Ozeane gelöst vor. Daraus bilden sich auch unter Mitwirkung von Kalk bindenden Organismen schwer lösliche Karbonate, die als Sedimente ausfallen. Die verschiedenen Kohleformen, Erdgas und Erdöl enthalten ebenfalls große Mengen Kohlenstoff aus fossilen Organismen. Durch die Erwärmung von Oberflächengewässern, den Vulkanismus und den Einsatz fossiler Brennstoffe durch den Menschen wird gebundener Kohlenstoff als CO_2 wieder freigesetzt.

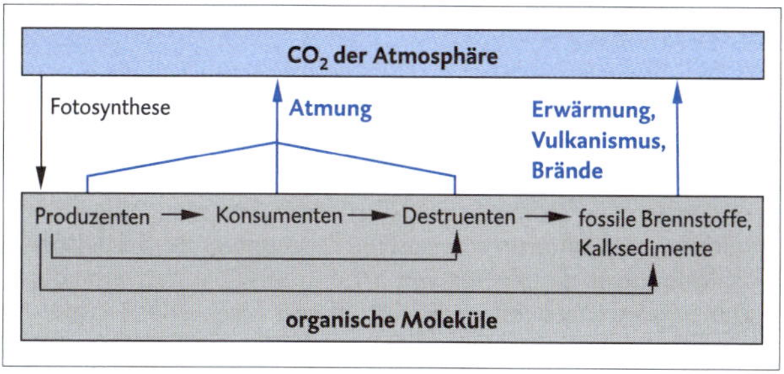

Kohlenstoffkreislauf

- **Stickstoffkreislauf:** Die Zirkulation des **Stickstoffs** in der Biozönose ist ähnlich wie die des Kohlenstoffs an organische Moleküle gebunden. Dabei kommt Aminosäuren, Proteinen und Nukleotiden besondere Bedeutung zu.
  Elementarer Stickstoff (N_2) hat zwar einen Anteil von fast 80 % an der Luft, kann aber in dieser Form nur von wenigen Organismen genutzt werden. Die **Fixierung des Luftstickstoffs (Stickstofffixierung)** wird unter Energieverbrauch von verschiedenen Bakterien durchgeführt. Die bedeutendsten Stickstofffixierer sind die **Knöllchenbakterien**, die in Symbiose mit Wurzelzellen von Schmetterlingsblütengewächsen (Leguminosen) leben. Die von den Bakterien aus dem Luftstickstoff gebildeten Ammoniumionen (NH_4^+) werden von der Pflanze aufgenommen, die wiederum den Bakterien Kohlenstoff- und Energiequellen zur Verfügung stellt. Die Kulturpflanzen Klee und Lu-

zerne können im Jahr auf diese Art etwa 250 kg Stickstoff pro Hektar Anbaufläche fixieren (siehe auch Gründüngung, S. 116).

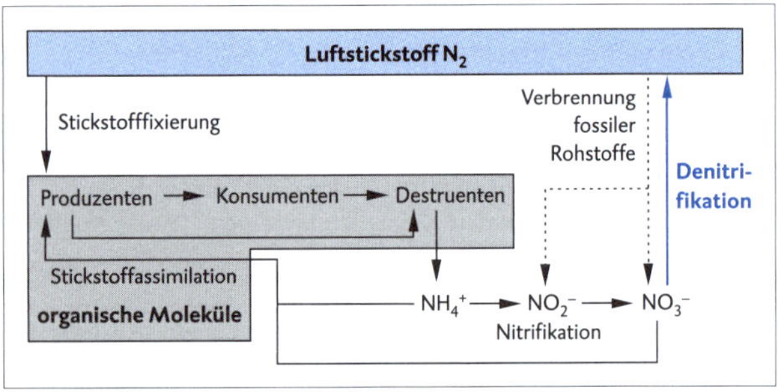

Stickstoffkreislauf

Die meisten Pflanzen nehmen Stickstoff aber in Form von im Bodenwasser gelösten Nitrationen (NO_3^-) oder Ammoniumionen (NH_4^+) mithilfe ihrer Wurzeln auf. Anschließend erfolgt die **Stickstoffassimilation**, d. h. die Bildung von organischen Stickstoffverbindungen. Der organisch gebundene Stickstoff wird anschließend in der Nahrungskette weitergegeben. Aus totem organischem Material wird hauptsächlich beim Zerfall von Eiweißen NH_4^+ wieder freigesetzt. Dieses kann im Wasser oder im Boden bei guter Sauerstoffversorgung durch sogenannte **nitrifizierende Bakterien** stufenweise über Nitritionen (NO_2^-; Nitritbakterien) zu Nitrationen (NO_3^-; Nitratbakterien) oxidiert werden **(Nitrifikation)**.
Bei Sauerstoffmangel, hohem Nitratgehalt und Temperaturen über 15 °C können einige spezialisierte Bakterienarten vorhandene organische Substrate auch mithilfe der im NO_3^- enthaltenen Sauerstoffatome veratmen (Nitratatmung oder **Denitrifikation**). Dabei wird Nitrat in molekularen Stickstoff (N_2) umgewandelt und so der Nitratgehalt des Bodens stark verringert. Der unterschiedliche Sauerstoffbedarf bei Nitrifikation und Denitrifikation erklärt auch, warum in sauerstoffarmen Mooren oder Sümpfen (Staunässe) trotz relativ großer organischer Substratmengen kaum für Pflanzen verwertbares Nitrat vorhanden ist.
Daneben entstehen Stickstoffverbindungen unter anderem auch bei der Verbrennung fossiler Rohstoffe.

Ökologisches Gleichgewicht und Sukzession

Ökosysteme verändern sich im Laufe der Zeit strukturell. Die **Artenvielfalt** ist immer von der Anzahl der verfügbaren ökologischen Nischen und damit von der Kapazitätsauslastung der Ressourcen abhängig. Die Kapazitäten variieren aber ständig. Zum einen wirken die Organismen langfristig beispielsweise auf die Bodenstruktur und das Mikroklima ein, zum anderen gibt es lokale oder globale Klimaänderungen oder Naturkatastrophen.

Der Begriff **„ökologisches Gleichgewicht"** kennzeichnet den zeitweilig stabilen Zustand der Verhältnisse innerhalb eines Ökosystems. Störende Einwirkungen auf das Gleichgewicht (z. B. übermäßiges Wachstum einer Parasitenpopulation) werden in intakten Ökosystemen durch **Selbstregulation** (z. B. Populationswachstum von Parasiten-Räubern) wieder ausgeglichen. Je mehr solcher Rückkopplungsprozesse möglich sind, d. h., je artenreicher beispielsweise die Biozönose ist, desto stabiler kann das ökologische Gleichgewicht aufrechterhalten werden.

Ändern sich die abiotischen und biotischen Bedingungen in einem Ökosystem aber drastisch, reicht die Fähigkeit zur Selbstregulation oft nicht aus, um die Zusammensetzung der Pflanzen- oder Tiergesellschaften konstant zu halten. Nach entsprechend starken Störungen kann oft eine Entwicklungsabfolge, die sog. **Sukzession** (lat. *succedere* = nachrücken), beobachtet werden. Neu entstandene unbesiedelte Flächen (z. B. Kiesbänke in Flussläufen nach Hochwasser oder frische Bergbauhalden) werden zunächst von sogenannten **Pionierorganismen** mit einer hohen Spezialisierung und Reproduktionsrate besiedelt. Die Pionierarten schaffen beispielsweise durch Bodenveränderungen (z. B. Humusbildung) die Voraussetzungen für die folgenden Stufen der Sukzession, bei denen die Diversität der Arten ständig zunimmt. Das relativ stabile Endstadium einer Sukzession wird als **Klimaxstadium** bezeichnet.

7 Mensch und Umwelt

Der Mensch verändert seine Habitate, seit er existiert. Das lokale, regionale und globale Ausmaß ökologischer Beeinflussung hängt jedoch stark von der jeweiligen Bevölkerungsdichte und dem Stand der Technologie ab.
Durch den Übergang zur sesshaften Lebensweise in der Nacheiszeit kam es zu einem raschen Wachstum der Erdbevölkerung und zur Konzentration der Menschen in günstigen Ackerbauzonen (z. B. Mittelmeerraum). Dadurch ergaben sich auch die ersten massiven Eingriffe in ökologische Gleichgewichte. Die in der Jungsteinzeit beginnende und sich im Mittelalter stark ausweitende Umwandlung der mitteleuropäischen Urwälder in Acker- und Weideland ließ unsere heutige **Kulturlandschaft** entstehen. Nahezu alle regionalen Ökosysteme sind durch die menschliche Tätigkeit entstanden oder stark überformt worden. In der Periode der **Industrialisierung** treten neuartige überregionale und globale Wirkungen auf, die sich selbst verstärken und die Lebensbedingungen der Menschen immer mehr beeinträchtigen.

7.1 Anthropogene Wirkungen auf die Umwelt

Viele menschliche Eingriffe führen zu einem übermäßigen Verbrauch und/oder zu einer Verschmutzung der natürlichen Ressourcen wie Wasser, Luft und Boden mit entsprechenden negativen Auswirkungen auf die betroffenen Ökosysteme.

Wasser

Verschmutzungen durch industrielle Gifte (z. B. Schwermetalle), den pH-Wert verändernde Säuren und Laugen, Düngemittel sowie Haushaltsabwässer und Fäkalien wirken in aquatischen Ökosystemen oft direkt auf die Artenzusammensetzung, da die entsprechenden gelösten Stoffe sehr leicht verbreitet, aufgenommen und angereichert werden.
Als **Eutrophierung** wird die Überdüngung von Gewässern durch massiven Nährstoffeintrag (besonders Phosphat und Stickstoff) aus Haushalt, Landwirtschaft und Industrie bezeichnet. Vor allem während der Sommerstagnation (siehe S. 102) führt eine starke Eutrophierung von stehenden Gewässern zu einem massenhaften Wachstum von Algen. Beim Abbau dieses Überschusses an organischer Substanz laufen aufgrund von Sauerstoffmangel Fäulnisprozesse ab. Im Faulschlamm ent-

stehen Methan, Ammoniak und Schwefelwasserstoff, die zu einem verstärkten Absterben von Organismen und dadurch noch zur Beschleunigung der Eutrophierungseffekte führen. Im Extremfall kann es zum vollständigen Verbrauch des Sauerstoffs und damit zum **„Umkippen“** des Gewässers kommen. Dies hat im Extremfall das Absterben nahezu der gesamten Biozönose zur Folge. Die **Erwärmung** von Gewässern z. B. durch Kühlwassereinleitung aus Kraftwerken führt zusätzlich zu einer Verminderung der Löslichkeit von CO_2 und O_2 im Wasser und damit zur Beschleunigung der Eutrophierungsprozesse.
Auch **Gewässerregulierungen** wie Begradigungen, Vertiefungen und Anstauungen verändern die ursprünglichen Lebensräume stark. Laichgebiete werden vernichtet und der Wasserhaushalt größerer Gebiete ist stark beeinträchtigt. Aus Regulierungsmaßnahmen evtl. resultierende **Grundwasserabsenkungen** führen zur Austrocknung oberflächennaher Bodenschichten (s. u.).

Luft
Emissionen gasförmiger Schadstoffe aus Verbrennungsvorgängen (Schwefeldioxid, Kohlenstoffmonoxid und Stickstoffoxide) wirken direkt oder indirekt giftig auf die meisten Organismen. Diese Luftschadstoffe können bei bestimmten Wetterlagen in manchen Gebieten zur Bildung von **Smog** führen. In atmosphärischem Wasser gelöst, bilden sie den **sauren Regen**, der die pH-Werte des Bodens und der Gewässer senkt und dadurch unter anderem das Pflanzenwachstum hemmt.
Die ebenfalls bei Verbrennungsprozessen entstehenden Gase Kohlenstoffdioxid und Methan tragen zum sog. **Treibhauseffekt** (siehe S. 113) und damit zu einer überproportionalen Erderwärmung bei.
Stark flüchtige, teilweise **halogenhaltige Gase**, wie die Fluorchlorkohlenwasserstoffe (FCKW) oder verschiedene Schädlingsbekämpfungsmittel, reichern sich in der Atmosphäre (Ozonloch, siehe S. 113 f.) und, da sie schlecht abgebaut werden können, auch in den Nahrungsketten der Biosphäre an.

Boden
Durch die Zerstörung der natürlichen Vegetation verstärken Überweidung und falsch bzw. rücksichtslos durchgeführter Ackerbau den natürlichen Prozess der **Erosion**, also der Abtragung von Bodenbestandteilen durch hauptsächlich Wasser und Wind. Dadurch kommt es in einigen Gebieten der Erde zur Ausbreitung von Wüsten (Desertifikation, siehe S. 112). Die **Bodenbearbeitung** mit schwerer Technik schädigt

den Boden zusätzlich, vor allem durch Verdichtung. Diese führt zu einer mangelnden Durchlüftung und zu schnell abfließenden Niederschlägen, die die Erosion noch beschleunigen.
Die durch den erosionsbedingten Nährsalzverlust sowie durch **Monokulturen** und/oder großflächigen Anbau notwendig gewordene **Düngung** (siehe auch S. 116) kann durch Auswaschungen zu einem massiven Nährstoffeintrag und damit zur Artenverarmung in benachbarten Ökosystemen führen. Schwer abbaubare, teilweise noch heute eingesetzte **Pestizide** (siehe S. 117) werden global über Nahrungsbeziehungen in den Endkonsumenten angereichert.
Durch die menschliche **Bebauung** ergibt sich neben dem Habitatverlust eine zunehmende Zergliederung von Landschaften. Dadurch bilden sich Fortpflanzungsbarrieren für viele Arten, die durch diese Einengung ihres Genpools (siehe (2) S. 87) an Vitalität verlieren. Die mit der Bebauung verbundene **Versiegelung** des Bodens lässt Niederschläge schneller abfließen und kann zu einer Veränderung des Wasserhaushalts und des Mikroklimas eines Gebiets führen.

7.2 Globale Umweltprobleme

Die oft unüberschaubaren Folgen menschlicher Eingriffe in die Natur zeigen sich in einigen „globalen Trends" mit tiefgreifenden Auswirkungen auf die gesamte Biosphäre.

Desertifikation

In den Trockengebieten der Erde kommt es beispielsweise durch langfristige Klimaveränderungen, durch die Abholzung von Wäldern, die Überweidung und die Anlage von Tiefbrunnen verstärkt zur **Austrocknung, Versalzung und Erosion des Bodens**. Diese **Desertifikation** geht mit zunehmendem Verlust der Pflanzendecke und der davon abhängigen Tierwelt einher. Fehlende Bodenbedeckung beschleunigt wiederum die Prozesse der Wüstenbildung, sodass hier ein sich selbst verstärkendes Phänomen vorliegt.

Diversitätsverlust

Die Vielfalt der Lebensbedingungen in einem Ökosystem entscheidet über die Anzahl der ökologischen Nischen und damit über die mögliche **Artenvielfalt (Biodiversität)**. Die größte Diversität besitzen tropische Regenwälder und Korallenriffe. Dort existieren sehr viele Arten mit in der Regel jeweils relativ geringen Individuenzahlen.

Greift der Mensch in Ökosysteme ein, so wird meist die Struktur der Lebensbedingungen zugunsten weniger Arten, z. B. Kulturpflanzen, verändert. Ökosysteme mit geringer Diversität sind meist instabiler und kaum zur Selbstregulation fähig, was häufig zur **Massenvermehrung** von Schädlingspopulationen führt. Die Vernichtung ganzer Ökosysteme beispielsweise durch Abholzung oder Überfischung trägt zusätzlich zum **Aussterben** zahlreicher bedrohter Arten bei.

Die Globalisierung des Handels und der weltweite Tourismus führen in zunehmendem Ausmaß dazu, dass Arten aus ihrem angestammten Lebensraum in andere Gebiete verschleppt werden und sich dort etablieren. Solche Arten bezeichnet man allgemein als **Neobiota**, wobei zwischen **Neophyten** (Pflanzen) und **Neozoen** (Tiere) differenziert wird. Sie verdrängen in manchen Fällen durch ihre Konkurrenzkraft, die häufig unter anderem durch fehlende Räuberorganismen bedingt ist, einheimische Arten aus ihren ökologischen Nischen oder schädigen sie anderweitig, beispielsweise durch Fraß. Dadurch verändern sie das betreffende Ökosystem. In diesen Fällen werden die Neobiota als **invasive Arten** bezeichnet. Beispiele sind die Verbreitung der Rosskastanien-Miniermotte (vom Balkan), des Indischen Springkrauts und der Chinesischen Wollhandkrabbe in Deutschland.

Anthropogener Treibhauseffekt und Klimawandel

Unter diesen Begriffen fasst man alle Vorgänge der vom Menschen verursachten gegenwärtig zu beobachtenden tendenziellen **globalen Erwärmung** der Erdatmosphäre zusammen. Auslöser dieser Entwicklung ist wahrscheinlich hauptsächlich die zusätzliche Freisetzung von **Treibhausgasen** wie CO_2 und Methan durch den Menschen. **Kohlenstoffdioxid**, das unter anderem bei der Verbrennung fossiler Rohstoffe entsteht, und **Methan**, das in großen Mengen bei der Rinderzucht freigesetzt wird, besitzen neben anderen Stoffen die Eigenschaft, die Rückstrahlung der eingestrahlten Sonnenenergie von der Erdoberfläche in den Weltraum zu behindern. Dadurch erhöht sich die Temperatur der Atmosphäre. Eine verstärkte globale Erwärmung könnte z. B. die Klimazonen verschieben, den Meeresspiegel durch Abschmelzen des polaren Eises erhöhen und so in relativ kurzer Zeit das gesamte ökologische Gefüge der Erde verändern.

Ozonloch

Die nur wenige Millimeter dicke Ozonschicht in der oberen Atmosphäre wird von der für Organismen schädlichen ultravioletten Strahlung der Sonne erzeugt und absorbiert gleichzeitig einen großen Teil davon. Mit den genaueren Messungen in den 1980er-Jahren wurde eine generelle Abnahme der Ozonschicht über dem Nord- und dem Südpol, aber auch über einigen anderen Gebieten der Erde beobachtet, das sogenannte **Ozonloch**. Ursache ist hauptsächlich die Verbindung des reaktiven Ozons mit FCKW-Molekülen, die aus Spraydosen, defekten Gefrierschränken oder Pflanzenschutzmitteln freigesetzt wurden. Nach dem 1987 vereinbarten internationalen Verbot von FCKW ist bis heute eine Erholung der Ozonschicht festzustellen.

7.3 Umwelt- und Naturschutz

Die Erhaltung komplexer Ökosysteme und einer hohen Biodiversität liegt im elementaren Interesse der Gesellschaft, da der Mensch selbst nicht außerhalb der ökologischen Wirkungsbedingungen steht. Jeder Eingriff führt direkt oder indirekt zu einer Veränderung unserer eigenen Lebensbedingungen. Umwelt- und Naturschutz ist also gleichzeitig auch Schutz der Lebensgrundlagen der Menschheit.

Umweltschutz bedeutet dabei vor allem das Erkennen und Vermeiden oder Vermindern von Umweltgefahren durch geeignete Maßnahmen. In der Bundesrepublik Deutschland sind viele der bisher erkannten umweltrelevanten Prozesse gesetzlich geregelt. Es gibt z. B. Gesetze und Verordnungen für den Strahlenschutz, den Umgang mit Schadstoffen, die Einleitung von Abwässern, den Lärmschutz und die Wiederverwertung von Verpackungen und Konsumgütern.

Ziel des Naturschutzes ist die Erhaltung intakter bzw. die Renaturierung geschädigter Ökosysteme. Dieses Ziel wird im „Gesetz über Naturschutz und Landschaftspflege" geregelt, auf dessen Basis die einzelnen Bundesländer ihre eigenen Gesetze und Verordnungen erlassen. Die gesetzlichen Bestimmungen umfassen den **Artenschutz** beispielsweise durch Aufstellung einer „Roten Liste" seltener und vom Aussterben bedrohter Arten, den **Objektschutz** von Naturdenkmälern (Einzelobjekte wie Bäume, Quellen, geologische Aufschlüsse usw.) und geschützten Landschaftsbestandteilen (Alleen, Parks usw.) sowie den **Gebietsschutz** (z. B. Biosphärenreservate, Nationalparks).

Gewässerschutz

Unter Gewässerschutz versteht man alle Maßnahmen zur Vermeidung oder Verminderung von Verunreinigungen der Flüsse, Seen und Meere und zur Erhaltung ihrer Selbstreinigungskraft.

Um den Eintrag eutrophierender Stoffe in Fließgewässer und Seen zu vermindern, wird die Düngung von Feldern mit **Gülle** und anderen Stoffen reglementiert, die in Gewässer ausgewaschen werden können. Darüber hinaus werden z. B. kommunale Abwässer in dreistufigen **Kläranlagen** gereinigt.

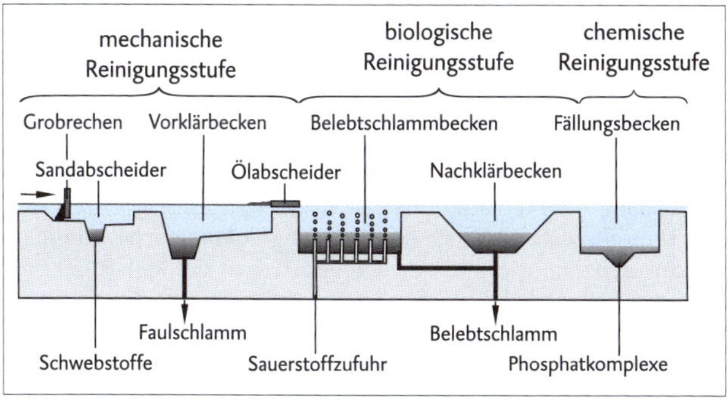

Dreistufige Kläranlage

- **Mechanische Reinigungsstufe:** Große Partikel und Müll werden in dieser Stufe durch einen Grobrechen zurückgehalten. Ein Ölabscheider entfernt auf dem Wasser treibende Filme (z. B. Benzin, Fette). Durch Verringerung der Strömungsgeschwindigkeit setzen sich Sand und andere Schwebstoffe ab. Sedimentierter Faulschlamm wird entfernt und häufig zur Energiegewinnung genutzt.
- **Biologische Reinigungsstufe:** Unter ständiger Sauerstoffzufuhr bauen Mikroorganismen die organischen Substanzen ab (Remineralisierung). Im Nachklärbecken wird der hauptsächlich aus aeroben Mikroorganismen bestehende Belebtschlamm zurückgehalten und ebenfalls zur Energiegewinnung abgeführt.

- **Chemische Reinigungsstufe:** Die im biologisch gereinigten Wasser enthaltenen Phosphate, die Hauptverursacher der Gewässereutrophierung, können in dieser Stufe chemisch ausgefällt werden. Bis zu 90 % des Phosphats lassen sich so als unlösliche Eisen- oder Aluminiumkomplexe aus dem Wasser entfernen.

Die Wasserqualität „umgekippter“ Seen kann kurzfristig durch verschiedene Maßnahmen der **Seesanierung** oder der Gewässertherapie verbessert werden. Dazu gehören interne Sanierungsmethoden, wie die Sedimententfernung durch Ausbaggern und Belüftung (Sauerstoffzufuhr). Fließgewässer können in ihrem natürlichen Zustand erhalten oder beispielsweise durch die Beseitigung von Begradigungen und Verbauungen **renaturiert** werden.

Umwelt- und Naturschutz in der Landwirtschaft
Mindestens ebenso wichtig wie die kurzfristige Beseitigung akuter Umweltverschmutzungen und -schäden sind langfristige Maßnahmen zur Vermeidung weiterer Belastungen. Ein wichtiger Beitrag zum Natur- und Umweltschutz ist daher der nachhaltige **ökologische Landbau**, bei dem z. B. die bekannten Umweltbelastungen des konventionellen Landbaus weitgehend vermieden werden sollen. So wird der Nährstoffentzug bei der Ernte durch **Gründüngung** (Anbau und Unterpflügen z. B. von Leguminosen, siehe S. 107 f.) oder durch den maßvollen Einsatz organischen Düngers natürlicher Herkunft (z. B. Kompost, Stallmist) kompensiert. Vorteile dieser Form der Düngung gegenüber der Mineraldüngung (synthetischer anorganischer Dünger) bestehen darin, dass die Nährsalze nur langsam abgebaut und den Pflanzen kontinuierlich zur Verfügung gestellt werden. Zur kurzfristigen Überdüngung und Auswaschung der Nährsalze kommt es hier in der Regel nicht.
Durch den sog. **integrierten Pflanzenschutz**, d. h. den vorrangigen und möglichst umweltschonenden Einsatz von technischen und biologischen Schädlingsbekämpfungsmaßnahmen, soll zusätzlich weitgehend auf Pestizide verzichtet werden. Dabei werden zunächst natürliche Schädlingsbegrenzungsmethoden ausgenutzt, z. B. durch die Auswahl von **widerstandsfähigen Sorten**, geeigneten **Fruchtfolgen** oder durch den Einsatz von **Nützlingen**. Erst wenn die Schädlinge so nicht ausreichend eingedämmt werden können, kommen möglichst schonende chemische Verfahren zur Anwendung.

Ein weiterer Ansatz ist der möglichst weitgehende Verzicht auf den Anbau in großen **Monokulturen**. Dadurch wird Schadorganismen weniger Angriffsfläche geboten, und der Pestizideinsatz kann minimiert werden.
Der Nachteil **chemischer Schädlingsbekämpfungsmittel (Pestizide)** besteht, abgesehen von der Gefahr der Anreicherung von giftigen Rückständen in Nahrungsketten, vor allem darin, dass sie meist nicht gezielt, d. h. nicht artspezifisch, wirken. **Insektizide** (gegen Insekten), **Herbizide** (gegen Pflanzen) und **Fungizide** (gegen Pilze) können beispielsweise auch die natürlichen Feinde der Schädlinge schädigen und abtöten. Nach der 3. LOTKA-VOLTERRA-Regel (siehe S. 100) kann es dann zu einer größeren **Massenvermehrung** der Schädlinge kommen, als es vor dem Gifteinsatz der Fall war.
Zudem kann ein längerer Einsatz von Pestiziden zur **Resistenzbildung** unter den Schädlingen führen. In jeder Population können theoretisch spontane Mutationen (siehe (2) S. 33 ff. und 88 f.) auftreten, die ihren Trägern eine Resistenz gegen ein eingesetztes Gift verleihen. Diese töten daher nicht alle Schädlinge und selektieren gezielt die resistenten Individuen. Daraus können sich dann ganze Populationen entwickeln, in denen alle Mitglieder gegen das Gift resistent sind.
Ein weiterer positiver Effekt des weitgehenden Verzichts auf synthetische Dünger, chemische Schädlingsbekämpfung und große Monokulturen ist die gegenüber der konventionellen Landwirtschaft **erhöhte Artenvielfalt** an Pflanzen und Tieren, die in den ökologisch bewirtschafteten Feldern und ihrer Umgebung zu finden sind.
In Deutschland werden jedoch immer noch weniger als 10 % der landwirtschaftlichen Nutzfläche nach entsprechenden EU-Richtlinien ökologisch bewirtschaftet.

Einen Beitrag zum Umweltschutz stellen auch der Anbau und die Nutzung **nachwachsender Rohstoffe** dar. Durch deren Einsatz ist es möglich, auf bestimmte „endliche“ (z. B. fossile) Rohstoffe zu verzichten. Beispiele dafür sind die durchaus umstrittene Nutzung von Biokraftstoffen (z. B. Biodiesel und Bioethanol) oder die Verwendung von Holz als Baustoff anstelle von Stahl und Beton.

Stichwortverzeichnis